3ds Max/VRay
室内效果图制作

实战演练

主编：惠世军

参编：赵俊敏 周振华 朱亚辉 刘城 王希英 殷建军

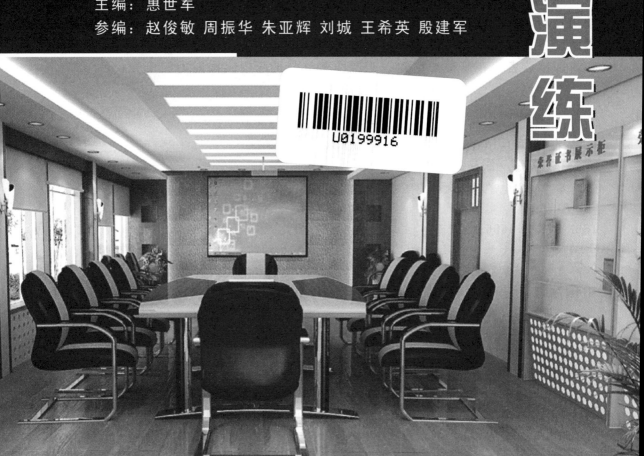

内 容 简 介

　　《3ds Max/VRay室内效果图制作实战演练》最基本的创作思路到后期渲染成品的技术详解都与大量真实项目相结合，遵循循序渐进、细致讲解的基本原则，并配有DVD高清多媒体教学光盘。

　　本书包括效果图色彩表现及设计风格、3ds Max软件简介、VRay基本功能与使用技巧、场景建模的表现形式等共9章内容。第5章至第9章结合相关案例，详细讲解了各种环境中空间的设计。本书力求深入浅出，着重将最基本、最实用的内容讲解给读者，在掌握理论知识的层面上，强调应用实践能力的培养。

图书在版编目（CIP）数据

3ds Max/VRay室内效果图制作实战演练/惠世军主编.
—西安：西安电子科技大学出版社，2012.2
（电脑设计课堂实训系列）
ISBN 978-7-5606-2701-4

Ⅰ.① 3… Ⅱ.① 惠… Ⅲ.① 室内装饰设计：计算机辅助设计—三维动画软件，3ds Max、VRay Ⅳ.① TU238-39

中国版本图书馆CIP数据核字(2011)第240922号

策　　划　李惠萍
责任编辑　张绚　李惠萍
出版发行　西安电子科技大学出版社（西安市太白路2号）
电　　话　(029)88242885　88201467　　　邮　　编　710071
网　　址　www.xduph.com　　　电子邮箱　xdupfxb001@163.com
经　　销　新华书店
印刷单位　陕西百花印刷有限责任公司分公司
版　　次　2012年2月第1版　2012年2月第1次印刷
开　　本　787毫米×1092毫米　1/16　　印　张　19
字　　数　440千字
印　　数　1～3000册
定　　价　60.00元（含光盘）

ISBN 978-7-5606-2701-4/TU · 0004

XDUP 2993001-1

****如有印装问题可调换****

本社图书封面为激光防伪覆膜，谨防盗版

— 序 —

进入21世纪信息科学技术发展的今天，智慧城市、虚拟仿真技术应用已经成为信息技术应用的热点之一。3ds Max 2011/VRay1.5 RC3/Photoshop CS4等软件又是数字城市、数字社区、数字旅游、数字企业等信息化建设的基础平台，有效地掌握这些软件将会大大提高项目的开发效率和质量。

本书旨在帮助读者掌握使3ds Max 2011/VRay 1.5 RC3/Photoshop Cs4三者完美结合制作效果图的流程和技法，通过剖析多个来自真实项目的案例，从基础操作到高级设置，从模型的优化到渲染参数的选择，深入浅出地分析和讲解了效果图制作流程中各环节的操作方法与技巧。

本书重点突出，案例丰富，图片清晰，层次分明，图文并茂，实用性强。本书还具有内容讲解全面，操作步骤明晰，连环演练细致等特点。作者在案例遴选上充分融入了自己多年在教学和开发一线工作中积累的经验，使本书具有较高的实战水平。

在内容编写上本书充分体现了专业课内容更新快的特点，并具有较好的弹性和可调性，适合多数院校作为相关课程的教材使用。另外，本书在体系和篇幅设计上把握比较合理。

审定并组织出版本书的基本指导思想是力求精品、努力创新、好中选优、以质取胜。希望这本精心策划、精心编审出版的教材能够成为精品教材，并得到各院校的广泛认可。

西安电子科技大学　计算机学院副院长

教授/博士生导师　刘志镜

2011.12

作者简介

3ds Max、Adobe数码资深讲师，现为多所高校客座讲师，同时担任数码传媒策划有限公司艺术总监，具有多年的教学和实际工作经验。在国内外刊物发表论文3篇，撰写著作4部。

已被企事业、政府、部队等多家单位委托开发项目10余项，获得国家专利1项。

前言
PREFACE

本书从最基础的创作思路提出，到VRay渲染技术详解，再到大量的有针对性的案例训练，严格遵循循序渐进、细致讲解的基本原则。

本书目标明确，严格围绕室内装修效果图的表现进行讲解，个性突出。书中每个案例的建模、材质、灯光、渲染都各具特色，力求在有限的篇幅内向读者传授更多的技术；教学模式新颖，本书非常符合读者学习新知识的思维习惯，性价比高，且赠送数百个高精度单体模型和1000多分钟的高清案例视频教学，全方位向读者展示案例的制作流程。

为了满足广大读者的学习需要，快速地掌握和提高室内效果图的制作与表现能力，本书以3ds Max、VRay、Photoshop为主要工具，筛选真实的工程项目为教学案例，将软件应用与实际制作有机结合起来，通过实例制作的方式向读者解析制作室内效果图的最新技术与工作流程，既适合初学者，也适合对效果图制作有一定基础的读者。

本书特点如下：

（1）范例经典。本书中的所有案例均来自真实的项目，从设计到制图均按商业模式进行编写，读者可以从中学到很多实用技术。

（2）内容全面。本书中的案例既包括了家装空间设计，也包括了工装空间设计，并且合理编排了一部分必要的基础知识，内容比较完善。

（3）技术实用。本书重点突出目前最流行的VRay渲染技术，使用3ds Max+VRay+Photoshop构成黄金创作工具，以便于读者快速掌握效果图表现技术。

（4）资源丰富。本书配备了一张高清DVD视频教学光盘，收录了丰富的资源文件，包括书中所有案例源文件、贴图文件、光域网文件、后期处理素材等，以便于读者学习。

本书由惠世军主编，赵俊敏、朱亚辉、刘城、王希英、周振华、殷建军也参与了编写。

由于编写水平有限，疏漏之处在所难免，望广大读者指正。

作者 E-mail:huifeng123@126.com；QQ：1965295878。

惠世军

2011.12

3ds Max/VRay

室内效果图制作
实战演练

主编：	惠世军
Chief Editor	Xi shijun
封面设计：	王晶晶
Cover Design	Wang jingjing
版面构成：	惠 鑫
Layout	Xi xin
多媒体编辑：	刘盈
Multimedia Editor	Liu ying

目 录
CONTENTS

第四章 场景建模的表现形式 65

第五章 现代风格客厅 110

CHAPTER 1

第一章　效果图色彩表现及设计风格

学习重点

★ 理解灯光的应用、材质的搭配
★ 理解效果图的构图，时间的选择是为了体现设计
★ 增加审美情趣，形成自我风格
★ 通过生活的点点滴滴丰富制作效果图的经验

1.1 概述

在效果图的制作过程中，设计师的意图一直贯穿于整个创作过程中，其对软件的熟练程度是意图发挥的一个方面。很多初学效果图制作的朋友都认为软件掌握得好，那么作品也一定非常漂亮、有生气，其实这是一个误区。效果图可以简单地理解为是一种在电脑上对艺术的诠释。软件代替了画笔和颜料，但是有好的画笔和颜料不一定就能画出一张好的作品来。

创造真实的图像是基于对真实世界的理解，能否创造出美丽的画面取决于能否发现美。美的事物往往能引起人的共鸣。所以对真实的理解、对光和色彩的掌握，都是影响作品的绝对因素。虽然每个人的性格不同，但对色彩和光线的感觉基本上还是保持了一致性，比如红色让人联想到喜庆的节日，蓝色让人联想到海洋和天空，绿色让人联想到春天等。

介绍基本色彩理论和心理学关系的书籍已经很多了，这里就不再过多阐述，我们关心的是如何让自己的效果图画面更生动。这里强调本章的4个比较重要的知识点：灯光与色彩、材质的搭配、相机的构图和根据场景对时间段的选择。这4个方面是构成一张好图不可缺少的因素。

1.2 灯光与色彩

灯光的色彩与对比决定了画面的氛围，一张生动的效果图中，色彩一定非常有表现力，而要让色彩有丰富的表现力就应该了解色彩的基本原理。

1.2.1 色彩的基调

色彩的基调是指画面色彩的基本色调。彩色画面的基调通常分为三种：冷色调、暖色调和中色调。如果划分再详细一些，则可以把彩色画面的基调分为冷调、暖调、对比、和谐、浓彩、淡彩、亮彩和灰彩色调。每一个基调都有不同的氛围，因此在初次看到场景的时候，就应决定图的基调。

如图1-000所示，这是一张别墅客厅一角的图片，空间大部分选材使用暖色调系列，灯光的颜色也是以暖色调为主，构造了一个温暖、和谐、舒适的休闲环境。

图 1-000

　　如图1-001所示，这是一张基于冷色调的效果图，室外天空反射蓝紫色的光波，配合室内温暖的灯光，营造了一种幽静的生活场所。

图 1-001

　　如图1-002所示，这是一张中性色调的工装效果图，色彩比较和谐，整个色调以白色为主，室内灯光也以白色为主，属于现代简约设计风格。整个效果图给人一种简约、纯净的感觉，传递了一种整洁、心无杂念的感受。

图 1-002

1.2.2　色彩的对比

　　色彩的对比主要包括冷暖对比、明度对比和饱和度对比等。有了对比，画面才显得丰富生动。

　　举一个简单的例子，在一张全白的纸上画一个黑色的块，这块黑色会显得很黑，这正是因为有了白色的对比，黑色才会显得很黑。但是，如果在一张墨纸上画一个黑色块，那么黑色块就基本看不见了，这是因为没有对比。所以说明暗是

相对的，没有绝对的亮暗，有了亮的地方才能对比出暗的地方。同样的道理，冷暖对比也是如此。

如图1-003所示，这是一张色彩冷暖对比很强的图片，这种冷暖差异会给人一种很强的距离感，近处的蓝色是受到外界的影响，而远处暖色的灯光给人一种温暖、舒适的感觉。

图 1-003

如图1-004所示，这是一张图片明暗度对比很强的餐厅效果图，幽暗的餐厅与明亮的灯光形成了强烈对比。

图 1-004

如图1-005所示，这是一张色彩比较统一的室内效果图，客厅里的电视背景墙的色彩饱和度比较高，所以人们的视觉就落到了电视背景墙上。饱和度越高，颜色越往前"跑"。

图 1-005

把握好一张图的色彩基调能够与设计相呼应，达到表现与设计的统一。把握好色彩的对比，能够拉开图像的层次关系，给人们带来视觉上的感官刺激，从而引起共鸣。

1.2.3　色彩在室内设计中的应用

✍ 深沉的暗色调。暗色调采用了大量的黑色，隐约略显各色的相貌，表现出深沉、坚实、冷静、庄重的气质。

✍ 稳重的中暗调。中暗调属于暗色系色彩，采用了少量黑色。此色调在保持色相原有的基础上又笼罩了一层较深的调子，显得稳重老成、严谨与尊贵。

✍ 朴实的中灰调。中灰调是中等明度的灰色调。中灰调带有几分深沉与暗淡，有着朴实、含蓄、稳重的特色。

✍ 高雅的明灰调。明灰调是在全色相色系中调入大量的浅灰颜色，使色相全部带有灰浊味。由于过多调入灰白色，使得色相的明度提高，形成高明度的灰调子，这是明灰调的特征。明灰调给人以平静的感觉，蕴涵着高雅与恬静，显示出另一种美的境界。

✍ 鲜明的纯色调。纯色调是由高纯色相组成的色调，每一个色相都个性鲜明，具有挑战性，令人振奋，赏心悦目。强烈的色相对比意味着年轻、充满活力与朝气。

色彩的视觉质感影响着现代建筑的发展。现代建筑更多关注材质与色彩的组合关系，利用自然色彩的材质，形成和谐的色彩视觉质感变化。

色彩与灯光会产生对空间深度的推进。没有光就没有色彩的感知，我们也就无

法感觉到空间的存在。在深度的表达方面，除了空间透视外，色彩与灯光也会相互作用。

　　背景的色彩会直接影响色彩视觉的深度。如果将七种色彩全部放置在黑色背景上，用比较的方法去看，黄色因明度的差别而显得特别靠前，与黑色明度相近的蓝色和紫色就容易被淹没，在白色背景上则恰好相反。在相同明度的冷、暖色调中，暖色向前，而冷色退后。面积位置也是深度效果的另一因素。

1.3　效果图材质的搭配

　　说到材质搭配，初学效果图的人可能都有同一种感觉，那就是不知道材质怎样搭配才好。笔者建议大家应该多学习设计，了解材质的功能，以科学的角度为场景搭配材质。

　　现在的空间大致可分为办公空间、家居空间和展示空间等。下面简单介绍一下办公空间和家居空间的材质搭配原则。（以下内容并非标准，之所以这样说，是因为设计本身没有固定性，往往会根据不同客户的需求而进行创造。）

1.3.1　办公空间的材质搭配

　　办公空间通常明亮清新，所以在搭配材质时应注意以"简"为主，其目的是让人有一个比较纯净的空间来办公，这样心神就不会受到外物的影响。同时应避免使用过激的色彩，多用中性色，如图1-006所示。

图 1-006

1.3.2　家居空间的材质搭配

　　家居空间的材质搭配主要以主人的喜好而定，有简约的，也有奢华的，有稳重的，也有前卫的。简约家居一般采用玻璃、橡胶、金属、强化纤维等材料。特别是玻璃，它的清透质感不仅可以让视觉延伸，创造出通透的空间感，还能让空间更简洁。另外，具有自然纯朴本性的石材和原木皮革也很适合现代简约空间，如图1-007所示。

图 1-007

设计奢华空间时一般采用金色或者银色金属、带有暗花纹理的材质、柔软的布艺、带有金属质感的缎子等，如图1-008所示。

图 1-008

1.4 相机的角度——构图

无论是3D效果图制作还是实物摄影，其实都是同样的一个目标，在体现建筑装潢设计创意的同时，也得让客户有美的感受。所以，这里介绍建筑装潢效果图的构图角度。

每一幅好的效果图都是与构图直接相关联的，都得从最基础做起——构图。建筑装潢效果图的构图主要有横向构图和竖向构图两种方式，这是最常见的两种构图方式。从表现工作的需要来看，做图就是为了方便设计师与客户进行沟通，因为表达建筑的结构和功能是工作的首要目的，所以要根据场景和所要表现的主体来决定构图方式。

但在很多情况下，只要不是有特殊需要的画面，均采用横向构图。实际上，横向构图是与人类观察事物的感觉相似的一种构图方式，因为人的眼睛在观察眼前事物的时候，视觉感受实际是比较宽阔的。在左右方向上，每个人几乎都能将自己面前180°视觉范围内的物体一次性尽收眼底，不需要转头；而在上下方向上，人的视角却很小，视野达不到180°，要看到180°的视野，人就不得不抬头或者低头。为什么在屏幕上看长宽比较大的图像，其视觉感受要比普通5∶4左右的图像更加令人兴奋和具有更强的视觉冲击力呢？这是因为宽视角的图像更加符合人类本身的视觉习惯。

从效果图的构图来说，一般都以"重量"为衡量画面平衡的原点。主体构图要在画面的中心，不要偏在一边，应多用多边形构图，构图宁可往上，不可以向下。

下面就三角构图来说明。

三角构图是以三个视觉中心为景物的主要位置，有时是以三点成面的几何构成来安排景物。这种三角形可以是等边三角形，也可以是斜三角形，其中斜三角形是较为常用的构图。图1-009所示的三角构图具有安定、均衡又不乏灵活的特性。

图 1-009

另外还有很多构图的方法及原则,如图1-010所示。读者可以通过日常的观察,积累一些好的摄影作品,观察其构图及色彩光影细节,从中学习关于构成及色彩搭配的知识。在做项目的过程中要针对不同项目的特点找一些类似的照片和图,寻找构图及色彩的灵感。

图 1-010

1.5　根据场景选择有魅力的时间段

每个场景在不同的时间段都会有不同的氛围,那么怎样根据场景来选择时间段呢?

了解所表现空间的功能,并且配合设计师的需求,这样就可以为场景选一个最好的时间段来表现它。比如,家装的表现可以选择白天或者夜晚,工装的空间要根据建筑本身的营业时间来进行选择,银行的表现一般采用白天,而酒吧的表现则一般采用夜晚。根据场景选择时间段的实例,如图1-011、图1-012所示。

图 1-011　　　　　　　　　　　图 1-012

1.6 风格学说

与美术学的"风格"一样，不同的人对绘画有着不同的理解，所以会形成不同的绘画风格。设计风格是这样，效果图表现也自然如此了。

效果图的表现经过长期的发展，逐步形成了写实与写意两大风格。写实以真实地表现室内场景为前提，力求真实高于一切，不惜出现类似黑的效果来表达真实的空间构成与明暗关系，给人以震撼的真实感。写意以"意"为主导，不同的空间、不同的设计风格都有着不同的"意境"，如何把这个不同的"意境"表达出来，是写意风格制作者最注重的，它往往可以把设计所要表现的重点更明显地表现在效果图中。

风格学说没有好与不好，也不会有谁强谁弱之分，只是针对客户群体不一样，如写实派更适合于国外的客户群体，而写意派风格则更受国内大多数业主的喜爱。

"设计风格"这个词的定义本身就比较模糊。目前比较流行的几大主要设计风格有现代风格、中式风格、欧式风格等。这些风格过于笼统，比如现代风格经过长期的发展出现了简约现代风格以及特殊的后现代风格，而中式和欧式风格更是出现了现代中式、巴黎风情以及北欧风格等趋向于现代风格的形式，使原本模糊的界限更难定义。图1-013所示就是一些风格各异的室内效果设计。

图 1-013

　　以欧式风格来说，奢华稳重是给我们视觉上的第一印象。通过色彩构成的学习可以了解冷色调给人以清新感，暖色调给人以慵懒感。暖色调给人的慵懒与奢华感更适合表现出一般欧式风格的"意境"，如图1-014所示。

图 1-014

　　中式风格或深沉稳重，或清淡优雅，利用偏蓝色的基调可以增添一些历史的神秘感，但缺少中式的深沉感，因此一般以冷色调的光线作为基础，再以无色系灯光进行搭配来表现出中式风格的深沉与神秘，如图1-015所示。

图1-015

暖色调搭配的中式风格所表达的意境是以人为本，而并非中式设计本身所体现的神秘感。它体现出了以生活为主题的人文环境，感觉更加温馨，如图1-016所示。

图 1-016

现代风格注重突破传统，重视功能和空间的组织，讲究材料本身发挥的搭配效果，以软装饰的搭配为根本，从而达到环保的"重装饰、轻装修"效果。

由于现代风格的定义比较模糊，比如高调的梁式风格、简洁明快的简约风格、具有神秘气息的后现代风格等，因此想要将这些风格表现好，往往要根据不同的设计及场景构造来搭配不同的灯光和色彩。另外，现代风格的适应性很强，往往各种不同的灯光、色彩搭配，都能获到令人满意的效果。图1-017所示为色彩多样的现代风格。

图 1-017

风格学说的覆盖面比较广泛，读者可以在学习及工作中了解更多搭配灯光与色彩的方法。

1.7 本章小结

　　合理运用色彩之间的关系、对比、构图、时间段、风格学等，是学习好效果图制作的重点。色彩构成博大精深，而无论是作为表现师还是设计师，想要做出一套好的作品，都要细心观察设计中需要突显出的效果，借此确定什么样的表现手法才最适合手中的方案，并将设计中所要表达的意境发挥到极致，最终做出最适合设计方案的作品。

CHAPTER 2

第二章 3ds Max 软件简介

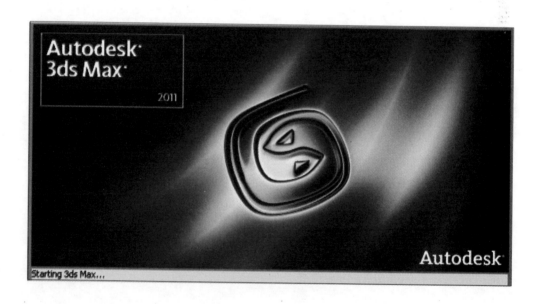

学习重点

★ 3ds Max 软件的发展历程

★ 3ds Max 2011 软件简介

★ 3ds Max 2011 新增功能

★ 3ds Max 2011 的硬件与系统配置

★ 3ds Max 软件的应用领域

2.1　3ds Max 软件的发展历程

　　说起3ds(即3D Studio)系列软件，从1990年的3ds DOS到现在最新版本3ds Max，短短几十年已经陆续发布了大大小小数十个版本，可以说其在三维软件这个领域有着悠久的发展历程。目前3ds Max在PC机上已经广泛使用。在1990年以前，只有少数几种可以在PC上使用的渲染和动画制作的软件，这些软件或者功能极为有限，或者价格非常昂贵，或者二者兼而有之。作为一种突破性新产品，3D Studio的出现打破了这一僵局。3D Studio为在PC机上进行渲染制作动画提供了价格合理、专业化、产品化的工作平台，并且使制作计算机动画成为一种前人所不能的职业。

　　DOS 版本的3D Studio 诞生于20世纪80年代末，那时只要有一台386 DX 以上的微机就可以圆一个电脑设计师的梦。但是进入90年代后，随着PC 业及Windows 9x 操作系统的进步，使工作于DOS操作系统下的设计软件在颜色深度、内存、渲染和速度上都存在着严重不足，同时，基于工作站的大型三维设计软件Softimage、Light wave、Wave front 等在电影特技行业的成功使3D Studio的设计者决心迎头赶上。与前述软件不同，3D Studio 从DOS 向Windows的移植过程困难重重，而3D Studio Max的开发则几乎是从零开始。

　　随着Windows平台的普及以及其他三维软件开始向Windows平台发展，三维软件技术面临着重大的技术改革。在1993年，3D Studio软件所属公司果断地放弃了在DOS操作系统下创建的3D Studio源代码，开始使用全新的操作系统（Windows NT）、全新的编程语言（Visual C++）、全新的数据结构（面向对象）编写了3D Studio Max。从此，PC上的三维动画软件问世了。

　　3D Studio Max 1.0版本问世仅1年时间，该公司又重写代码，推出了3D Studio Max 2.0。这次升级是一个质的飞跃，尤其是增加了NURBS建模、光线跟踪材质及镜头光斑等强大功能，使得该版本的软件成为了一个非常稳定和健全的三维动画制作软件，从而占据了三维动画制作软件市场的主流地位。

　　随后的几年里，3D Studio Max先后升级到3.0、4.0、5.0等版本，且依然在不断更新，每一个版本的升级都包含了许多革命性的新技术。

2.2　3ds Max 2011软件简介

　　Autodesk 3ds Max 2011目前是3ds Max系列软件的最高版本。较3ds Max 2010版本在功能上有了突破性的发展，新增了Slate Material Editor（板岩材质编辑器）、CAT Character（CAT高级角色动画系统）、Quicksilver Hardware Renderer（迅银硬件渲染）等新功能，这些新增功能能够更方便地处理模型贴图，完成角色动画制作,并在更短的时间内得到高质量且接近于最终结果的图像。同时，全新的In-context功能可以根据状况直接调整UI接口，让多

边形建模变得更为顺畅，也让艺术家能更关注于创造力的展现。而完全整合到3ds Max 2011里面的Character Animation Toolkit (CAT)模块，能使你快速地产生想要的角色骨架。另外还可以最大化工作区、自定义用户界面、储存上一个版本（Autodesk 3ds Max 2010）的档案格式。

　　不论你是要制作动画电影还是静态的图片，Autodesk 3ds Max 2011均为你提供了一个互动的调整界面，Slate Material Editor（板岩材质编辑器）能帮助你产生复杂的材质，这样的材质可以通过新增的算图功能，让你在极短的时间内看到你所用材质的效果，并且在视图中就可以浏览材质贴图和阴影的效果，让使用者能更直接的观察自己的作品，从而避免了在创作过程中发生不必要的错误。Autodesk 3ds Max 2011的复合材质，利用 3ds Max Composite 改进渲染传递并把它们融合到实拍镜头中。基于 Autodesk Toxik 技术的全功能、高性能 HDR 合成器。3ds Max Composite 工具集整合了抠像、校色、摄像机贴图、光栅与矢量绘画、基于样条的变形、运动模糊、景深以及支持立体视效制作等模组。

　　Autodesk 3ds Max　2011为制作模型和纹理、角色动画及更高品质的图像提供了令人无法抗拒的新技术。其整合了加快日常工作流程的工具，可显著提高从事游戏、视觉特效和电视制作的个人及协作团队的生产力。制作人员可以集中精力进行创作，并能自由地、反复地精调他们的作品，从而在最短的时间内最大化其最终输出的质量。

2.3　3ds Max 2011新增功能

　　目前Autodesk公司已经推出了3ds Max 2011版本，在3ds Max 2011版本中CAT Character、硬件渲染等可以说有了一个质的发展。现在用户不但能更方便地处理模型贴图、角色动画，还可以在短时间内产生高质量动画。同时，全新In-context功能可以根据状况直接调整UI接口，让建模流程变得更为顺畅。完全整合到3ds Max 2011里面的Character Animation Toolkit (CAT)模块，能够快速产生想要的角色骨架。接下来就让我们体验一下3ds Max 2011软件的全新功能吧！

2.3.1　CAT高级角色动画系统

　　CAT在之前是以一个角色动画插件形式出现的，现在被完全整合至Autodesk 3ds Max 2011中。它内建了二足、四足与多足骨架，可以轻松的创建和管理角色动画，其操作的稳定性和兼容性得到了很大的提高,可谓是CG用户的一大福音，如图2-000所示。

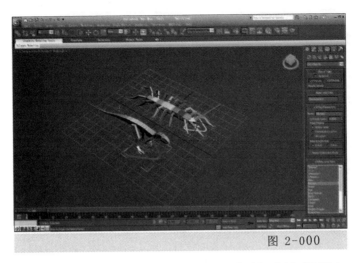

图 2-000

2.3.2 Slate Material Editor（板岩材质编辑器）

Slate Material Editor（板岩材质编辑器）是一套可视化的开发工具组，通过节点的方式让使用者能通过图形接口产生材质原型，并提升编辑复杂材质的能力，使材质的制作变得更加直观。同时之前版本的材质编辑器模式也被保留下来，以便于老用户的使用，如图2-001所示。

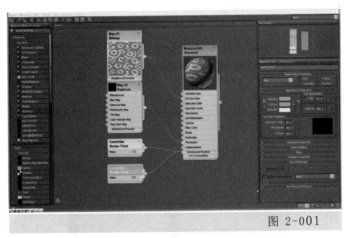

图 2-001

2.3.3 Quicksilver（硬件渲染器）

Quicksilver 是一套全新的硬件算图器，它可以同时利用CPU与GPU的资源进行解算。所以使用者可以在极短的时间内得到高质量的接近于真实效果的渲染图像,这样在测试渲染时可以大量减少时间，进而提升整体效率。它同时支持alpha、z-buffer、景深、动态模糊、动态反射、灯光、Ambient Occlusion、阴影等视觉效果,对于可视化、动态脚本、游戏的相关材质有很大的帮助，如图2-002所示。

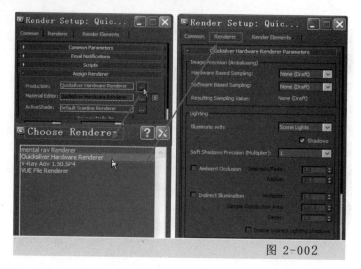

图 2-002

2.3.4 新增Compostite 工具

Autodesk 3ds Max 2011中集成 Compostite 后期合成软件，该工具是基于 Autodesk Toxik Compositing的软件技术，包含输入、颜色校正、追踪、摄影机贴图、向量绘图、运动模糊、景深与支持立体产品，很多校正颜色的部分颜色都不需要重新渲染，只需渲染出各种不同的元素即可。3ds Max Composite可以进行合成与调整，其包括的特效部分也是一样的，对于动画而言可谓一个不可或缺的工具，如图2-003所示。

图 2-003

2.3.5 3ds Max 2011贴图和建模功能增强

3ds Max 2011增强了Graphite Modeling 与Viewport Canvas工具，让使用者可以加速3D建模与绘制贴图的工作，而这些工作是直接在视口中执行的，不需要像以往一样在多软件间进行切换，大大减轻了制作上的困难，增加了作品产生的效率，其中包含：

（1）增加了视口3D绘图与编辑贴图的工具，并且提供了绘制笔刷编辑功能以及贴图的图层创建功能。贴图可以将保留的图层信息直接输出到Photoshop中,如图2-004所示。

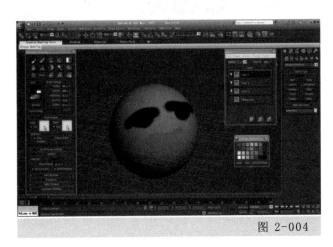

图 2-004

（2）添加了 Object Paint功能，它可以在场景中使用对象笔刷直接绘制分布几何体，使得大量创建重复模型变得简单有效，参数控制面板如图2-005所示。

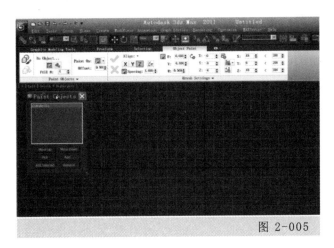

图 2-005

2.3.6　Autodesk材质资源库

新的Autodesk材质资源库可以完美地嵌入Autodesk applications的软件中，而新的Autodesk材质资源库包含了超过1200种材质样版，几乎涵盖了一般日常生活中所有的材质，这样的材质资源库可以让大部分的使用者不需花太多时间学习材质的设定，就可以非常容易地产生出逼真的效果,如图2-006所示。

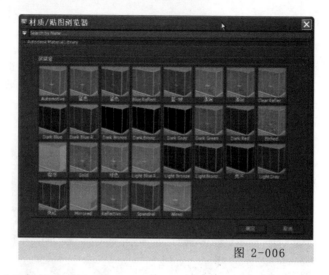

图 2-006

2.3.7 自定义用户界面

Autodesk 3ds Max 2011可以最大化工作区、自定义用户界面，新版本提供了更加灵活的界面控制，连右侧最常使用的工具面板都可以隐藏，而创建与保存的用户界面可以显示经常使用的指令与脚本，并不限定于Autodesk Max内建的指令，如图2-007所示。

图 2-007

2.4 3ds Max 2011 硬件与系统配置

随着软件的升级，除了软件的功能得到更新之外，软件对于硬件和系统的要求也会相应提高。3ds Max 2011适用的硬件和系统的配置如下。

（1）3ds Max 2011软件需要以下32位或64位操作系统之一。

· Microsoft Windows XP Professional（Service Pack2或更高版本）

· Microsoft Windows Vista Business（Service Pack2或更高版本）

· Microsoft Windows 7 Professional

· Microsoft Windows XP Professional x64（Service Pack2或更高版本）

· Microsoft Windows Vista Business x64（Service Pack2或更高版本）

• Microsoft Windows 7 Professional x64

(2) 3ds Max 2011需要以下浏览器。

• Microsoft Internet Explorer 7或更高版本

• Mozilla Firefox 2或更高版本

(3) 3ds Max 2011 需要以下补充软件。

• DirectX 9.0*(要求)、OpenGL (可选) 的某些功能只有在与支持Shader Mode 13.0 (Pixel Shader 和Vertex Shader 3.0)的显卡配合使用时才能启用

(4) 3ds Max 2011 32位硬件需求。

• 具备SSE2技术的Intel Pentium 4或更高速度的处理器,同等或更高速度AMD处理器亦可

• 2GB内存(推荐使用4GB)

• 2GB交换空间(推荐使用4GB)

• 支持Direct3D 10、Direct3D 9或OpenGL功能的显卡,256MB或更高显存(推荐使用1G或以上显存)

• 3键鼠标和鼠标驱动程序软件

• 3GB 硬件空间

• DVD-ROM光驱

注:支持基于Intel处理器和运行Microsoft操作系统的苹果电脑。目前不支持虚拟机环境。

---

(5) Autodesk 3ds Max 2011 64位的硬件要求。

• Intel EM64T、AMD Athlon或更高版本、AMD Opteron处理器

• 4GB内存(推荐使用8GB)

• 4GB交换空间(推荐使用8GB)

• 其他与32位系统要求一致

2.5　3ds Max软件的应用领域

3ds Max是目前全球使用最多的三维软件之一,尤其是在游戏、建筑、影视领域,而且已经向高端电影产业进军。目前3ds Max参与的电影制作也比比皆是。

在国内,随着三维动画的分工越来越细,目前已经形成了几个比较重要的制作行业,其中包括建筑装潢设计、栏目包装、影视广告、电影电视、工业造型、游戏开发等。在这些行业中3ds Max是使用最广泛的三维动画制作软件之一,在建筑效果图、建筑动画漫游、游戏开发方面几乎就是3ds Max的天下。

2.6 本章小结

本章主要介绍了3ds Max应用软件和该软件新版本所增加的功能。同时对其运行所需要的硬、软件环境及应用领域也做了详细说明。

CHAPTER 3

第三章　VRay 基本功能与使用技巧

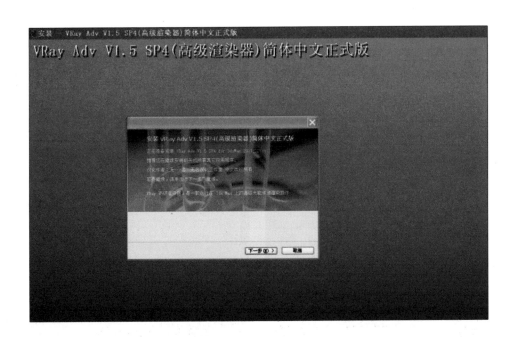

学习重点

★ VRay简介

★ VRay渲染器的调用与参数介绍

★ VRay灯光

★ VRay材质与程序贴图

★ VRay毛发和置换修改器

3.1　VRay渲染器的简介及其常用参数

　　VRay渲染器是著名的Chaos Group公司新开发的产品。它是一个非常强大的渲染插件，但其交互式渲染必须依赖于3ds Max工作平台。它能产生一些特殊的渲染效果，如表面散射、光迹追踪、焦散、全局照明等。VRay真实的光线模拟能创造出专业的照片级效果。该渲染器的特点是渲染速度快,设置简单,操作菜单完全内嵌在3ds Max材质编辑器和渲染设置对话框中。

　　安装了VRay插件以后，启动3ds Max 2011软件，按下【F10】键，打开【Render Setup】渲染场景对话框。在【Common】公用选项卡中展开【Assign Renderer】指定渲染器卷展栏，单击【Production】产品级选项右侧的■按钮，在弹出的【Choose Renderer】选择渲染器对话框中选择【V-Ray Adv 1.50SP4】选项，如图3-000、图 3-001所示。

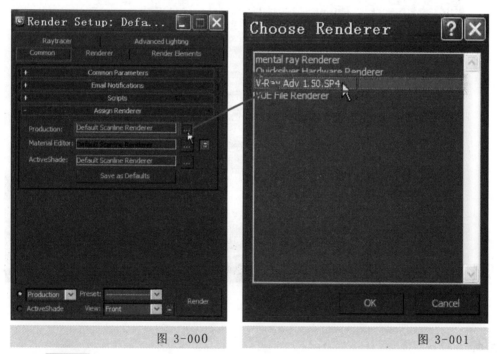

图 3-000　　　　　　　　　　　　　　　　　图 3-001

　　单击 OK 按钮，则指定了VRay渲染器，这时渲染设置对话框的参数选项卡将全部变成与VRay渲染器相关的内容，如图3-002所示。

　　下面重点介绍一些在渲染表现中常用的参数。

图 3-002

3.1.1　V-Ray图像采样器(反锯齿)

【V-Ray图像采样器(反锯齿)】卷属栏如图3-003所示。该卷展栏中可以设置图像采样的模式、抗锯齿的程度以及贴图的过滤方式，这些设置对最终渲染效果起着至关重要的作用。

图 3-003

图像采样有三种方式，分别为【固定】、【自适应确定性蒙特卡洛】和【自适应细分】。用户可以根据不同场景的需要来选择不同的采样类型。当选择不同的采样方式之后，控制面板也将随之变化。

1. 固定

该方式是指对每个像素使用一个固定的细分值。该采样方式适合场景中拥有大量的模糊效果或者具有高细节的纹理贴图时使用。在这种情况下，使用固定方式能兼顾渲染产品品质和渲染时间，比如大量的运动模糊、景深模糊、反射模糊、折射模糊等。V-Ray固定图像采样器控制面板及参数，如图3-004所示。

在这个卷展栏中只有一个"细分"参数，它决定了采样的精细度。当取值为1时，意味着在每一个像素的中心使用一个样本；当取值大于1时，将按照低差异的蒙特卡洛序列来产生样本。

图 3-004

2. 自适应确定性蒙特卡洛

选择该采样方式后，在下方会产生一个【V-Ray自适应确定性蒙特卡洛图像采样器】，参数面板如图3-005所示。该采样方式根据每一个像素以及它相邻像素的明暗差异，使用不同的样本数量。在角落部分使用较高的样本数量，在平坦的地方使用较低的样本数量。此采样方式适合场景中拥有少量的模糊效果或者具有高细节的纹理贴图和大量几何体面。

图 3-005

- 最小细分：定义每个像素使用的最小细分。这个值主要用于对角落地方的采样。其值越大，角落地方的采样品质就越好，图的边线抗锯齿也就越好，同时渲染的速度也就越慢。

- 最大细分：定义每个像素使用的最大细分。这个值主要用于对平坦部分的采样。其值越大，平坦部分的采样品质就越高，渲染速度就越慢。在渲染商业效果图时，我们可以把这个值给的相对较低，因为平坦部分需要的采样不多，相应降低该值可以节约渲染时间。

- 颜色阈值：用于确定采样器在哪个位置使用最大细分，哪个位置使用最小细分。其数值越低结果越精确。

- 显示采样：勾选该参数后，将在渲染窗口中显示采样点。

- 使用确定性蒙特卡洛采样器阈值：如果勾选该项，颜色阈值将不再起作用，系统会采用内置的采样阈值。

3. 自适应细分

自适应细分具有负值采样的高级抗锯齿功能,适用于没有或者有少量的模糊效果的场景。在这种情况下,它的渲染速度最快,但是在具有大量细节和模糊效果的场景中,它的渲染速度会很慢,渲染的品质也很低。其原因是:它要去优化模糊和大量的细节,这样就需要对模糊和大量细节进行预算,从而降低了渲染的品质。同时,该采样方式是3种类型中最占内存的,而固定采样占用的内存资源最少。其参数及控制面板如图3-006所示。

- 最小比率：定义每个像素使用的样本的最小数量。

- 最大比率：定义每个像素使用的样本的最大数量。

- 色彩阈值：用于确定采样器在哪个位置使用最大比率，哪个位置使用最小

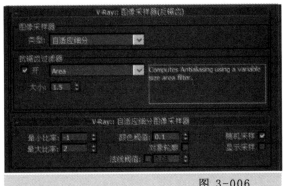

图 3-006

比率，数值越低，结果越精确。

　　• 对象轮廓：选择该项，软件将强制对物体的边缘进行超级采样，但是当使用景深或运动模糊时，该选项无效。

　　• 法线阈值：选择该项，超级采样将沿对象的法线方向发生急剧变化，默认情况下不被选中。

　　• 随机采样：选择该项，软件将将随机采样，使渲染的图像更加细腻。

　　• 显示采样：选择该项，软件将在渲染窗口中显示采样点。

3.1.2 V-Ray 间接照明(GI)

　　【V-Ray间接照明(GI)】卷展栏中的参数用于对场景中的间接照明进行控制。默认情况下，这个卷展栏中的参数是不可调整的，只有勾选【开】选项后，各项参数才变为可用状态，如图3-007所示。

图 3-007

该卷展栏中的参数共分为五组，下面介绍一些常用参数。

1. 全局照明焦散

　　• 反射：当选择该项时，光线间接照射到镜面反射的时候会产生反射焦散。

默认情况下该项不被选中，其原因是它对最终的GI计算贡献很小，而且还会产生一些不希望看到的噪波。

• 折射：当选择该项时，间接光穿过透明物体(如玻璃)时会产生折射焦散。注意：这与直接光穿过透明物体而产生的焦散是不一样的。

2. 渲染后处理

这组参数用于修正间接光照明对最终渲染图像的影响。系统提供的默认值可以确保产生物理精度效果，一般情况下不建议调整。

• 饱和度：用于控制最终渲染图像的色彩饱和度，其值越大，图像的饱和度越高。

• 对比度：用于控制最终渲染图像的色彩反差，其值越大，图像的对比度越高。

• 对比度基数：用于控制最终渲染图像的明暗对比，默认值为0.5。

3. 首次反弹

此选项用于控制全局光第一级漫反射反弹的强度与方法。

• 倍增器：用于控制首次反射反弹的强度。数值越高，场景越亮；数值越低，场景越暗。

• 全局照明引擎：用于选择不同的全局引擎，共有4个,分别为【发光图】、【光子贴图】、【BF算法】和【灯光缓存】。

4. 二次反弹

此选项用于控制全局光第二级反射反弹的强度与方法。

• 倍增器：用于控制二次反射反弹的强度，数值越高，二次反弹对场景的影响越明显，最高值为1。

• 全局照明引擎：用于选择不同的全局引擎，共有4个,分别为【发光图】、【光子贴图】、【BF算法】和【灯光缓存】。注意：二次反弹引擎可以不选择,用户可在【全局照明引擎】下拉菜单中选择【无】,如图3-008所示。

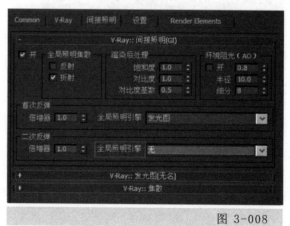

图 3-008

3.1.3　V-Ray发光图

这个卷展栏中的参数默认状态下为灰色不可用状态，只有当【VRay间接照明(GI)】卷展栏中的反弹全局照明引擎的选择为"发光图"时，该卷展栏中的参数才能变为可用状态，如图3-009所示。下面介绍一些常用参数。

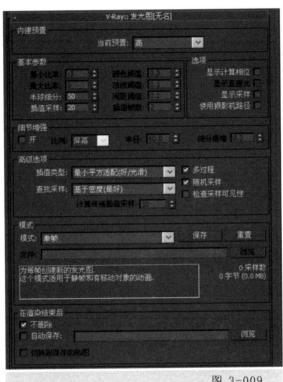

图 3-009

1．内建预置

在当前选择的模式中,其下拉菜单为用户提供了8种可供选择计算精度的模式，默认值为【高】。内建预置控制面板，如图3-010所示。

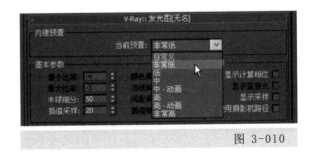

图 3-010

2．基本参数

基本参数主要控制样本的数量、样本的分布以及物体边缘的查找精度参数，如图3-011所示。

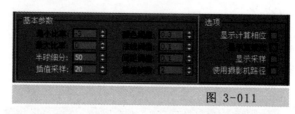

图 3-011

（1）最小比率：用于设置场景中平坦区域每个像素的采样数目。通常设置为负值，这样可以提高全局照明的计算速度。

（2）最大比率：用于设置场景中每个像素的最大全局照明采样数目。

（3）半球细分：当物体表面上的某一点受到光线照射后，将产生二次反弹，二次反弹的光线会以这一点为中心，在它周围形成一个半球状。【半球细分】的值控制这个半球内反射光线的数量。

（4）插值采样：用来定义被用于插值计算的GI样本的数量。较大的值会趋向于模糊的GI的细节，较小的值会产生更光滑的细节，但是可能会产生黑斑。

（5）颜色阈值：用于控制发光图算法对间接照明变化的敏感度，数值越小越敏感。

（6）法线阈值：用于控制发光图算法对表面法线变化的敏感度。

（7）间距阈值：用于控制发光图算法对两个表面距离变化的敏感度。

（8）插值帧数：增加这个数值可以对全局光照效果进行光滑处理。

3．选项

此选项可以控制渲染过程的显示方式和样本是否可见，参数面板如图 3-012 所示。

图 3-012

（1）显示计算相位：勾选此选项后，用户就可以看到渲染帧里GI的预计过程，但会占用一定的内存资源。

（2）显示直接光：它的作用是在预计算时显示直接光照，方便观察直接光照的位置。

（3）显示采样：选择该项，渲染时会显示样本的分布及分布密度，帮助用户分析GI的精度是否足够。

4. 高级选项

该项主要是对样本的相似点进行插值、查找。参数面板如图3-013所示。

图 3-013

（1）插值类型：V-Ray内部提供了4种样本插值方式，分别为【权重平均值（好/强）】、【最小平方适配（好/光滑）】、【Delone三角剖分（好/精确）】和【最小平方权重/泰森多边形权重】，如图3-014所示。

图 3-014

（2）查找采样：主要控制哪些位置的采样点适合用来作为基础补插的采样点。VRay提供了四种采样查找方式，分别是【平衡嵌块（好）】、【最近（草稿）】、【重叠（很好/快速）】、【基于密度（最好）】。如图3-015所示。

图 3-015

5. 模式

这组参数主要用于选择使用发光图的方法，共有8种模式可供选择，分别是【单帧】、【多帧增量】、【从文件】、【添加到当前贴图】、【增量添加到当前贴图】、【块模式】、【动画（预过程）】、【动画（渲染）】，如图3-016所示。

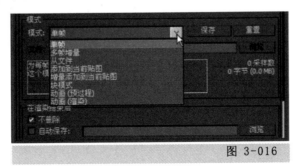

图 3-016

（1）单帧：在这种模式下，将对整个图像计算单一的发光图，并为每一帧创建新的发光图。

（2）多帧增量：这种模式适用于摄像机的穿行动画。VRay先为第一个渲染帧计算一个 新的发光图，而对于剩下的渲染帧，VRay则设法使用已经计算了的发光图,从而节约渲染时间。

（3）从文件：当渲染完成光子图以后，可以保存起来，这个选项用于调用保存的光子图进行动画的计算(静帧同样也可以这样使用)。

（4）添加到当前贴图：在这种模式下，VRay将计算全新发光图，并把它添加到内存中。不推荐使用这种模式。

（5）增量添加到当前贴图：在这种模式下，VRay将使用内存中已存在的贴图，但对于某些细节不够的地方，则进行重新计算。

（6）块模式：在这种模式下，VRay将计算每一个单独渲染的发光图。不推荐使用该模式，可用【单帧】模式代替。

（7）动画（预过程）：在这种模式下，VRay将计算发光图并单独保存每一帧，但最后的图像并不渲染。

（8）动画（渲染）：在这种模式下，VRay将利用已计算的发光图渲染画面。

注意：保存(Save)用于保存光子图到硬盘；重置(Raser)用于将光子图从内存中清除；浏览(Browse)用于从硬盘中调用需要的光子图进行渲染。

6．在渲染结束后

该项主要控制光子图渲染完成以后的处理，参数面板如图3-017所示。

图 3-017

（1）不删除：当光子图渲染以后，不把光子图从内存中删除。

（2）自动保存：当光子图渲染完成以后，将其自动保存至硬盘中。单击【浏览】可以选择保存的位置。

（3）切换到保存的贴图：当选择该参数后，系统将自动使用最新的渲染光子图来进行大图渲染。

3.1.4 V-Ray确定性蒙特卡洛采样器

DMC 是确定性蒙特卡洛采样器的英文缩写，它是VRay渲染器的核心部分，一般用于确定获取什么样的样本，最终那些样本就被光线跟踪。它控制场景中的反射模糊、折射模糊、面光源、AA反锯齿、此表面散射、景深、动态模糊等效果的计算精度，其参数控制面板如图3-018所示。

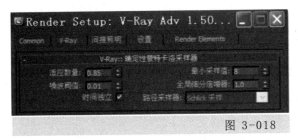

图 3-018

（1）适应数量：用于控制模糊的采样数量，即计算的范围。数值越小，噪点越少，图像品质越好，但渲染时间也越长。

（2）噪波阈值：用于控制渲染画面中噪点的程度，数值越小，噪点越小。

（3）最小采样值：此项决定了在完成运算前最小的采样数量，数值越小，渲染效果越好。

（4）全局细分倍增器：用于在渲染过程中增强任何地方、任何参数的细分值，用户可以使用该参数快速增加或减少任何地方的采样品质。

（5）时间独立：勾选该参数，在渲染动画的时候就会强制每帧都使用同样的确定性蒙特卡洛采样。

（6）路径采样器：设置样本路径的选择方式，每一种方式都会影响渲染的速度和品质，在一般情况下选择默认即可。

3.1.5　V-Ray 颜色贴图

V-Ray 颜色贴图就是我们常说的曝光模式，它主要控制灯光方面的衰减以及色彩的不同模式，其参数面板如图3-019所示。

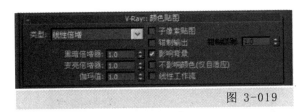

图 3-019

（1）类型：用于定义色彩转换使用的类型，共有7种类型可供选择。操作界面如图3-020所示。

图 3-020

（2）黑暗倍增器：用于控制较暗色彩的倍增。

（3）变亮倍增器：用于控制较亮色彩的倍增。

（4）伽玛值：用于控制色彩溢出的部分，使颜色局限在0到1之间。

（5）影响背景：选择该选项，当前灯光将同时影响背景颜色。

3.1.6 V-Ray环境

该卷展栏用来为环境指定颜色和贴图。【全局照明环境(天光)覆盖】与【反射/折射环境覆盖】的参数设置基本相同，所以在此不作单独介绍。参数控制面板如图3-021所示。

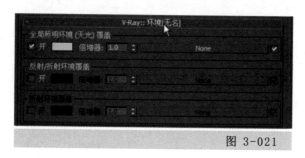

图 3-021

下面以【全局照明环境(天光)覆盖】为例，介绍几个主要参数。

（1）开：选择该选项，则启用全局光，并在计算全局光时计算出天光效果。

（2）倍增器：用于控制天光的照明强度，与灯光的倍增器十分相似，较高的取值会使场景更漂亮，通常该参数设置在0.7～1.2左右。

（3）None：此选项是一个贴图通道，单击它可以为环境指定贴图。

3.1.7 V-Ray系统

该卷展栏中的参数主要对VRay渲染器进行全局控制，包括光线投射、渲染区域设置、分布式渲染、物体属性、灯光属性等内容，是VRay渲染器的基本控制部分，如图3-022所示。

图 3-022

下面介绍一些常用的参数。

1．光线计算参数

在这组参数中可以控制VRay的二元空间划分树(也称为BSP树)的各种参数。二元空间划分树是一种分级数据结构。

(1)**最大树形深度**：用于指定二元空间划分树的最大深度，较大的值将占用更多的内存，但是渲染速度会很快。

(2)**最小叶片尺寸**：用于指定叶片节点的最小尺寸，通常设置为0，如果节点尺寸小于设定的值，VRay将不再细分。

(3)**面/级别系数**：用于控制一个叶片节点中三角面的最大数量。

(4)**动态内存限制**：用于控制渲染图像时使用内存的大小。

2．渲染区域分隔

这组选项可以控制VRay渲染块的各种参数,如图3-023所示。渲染块是VRay分布式渲染的基本组成部分，是当前所渲染帧中的一个矩形框，它是独立于其他渲染块进行渲染的。

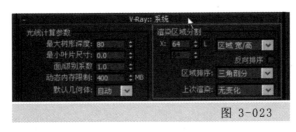

图 3-023

(1)X：以像素为单位来决定最大渲染块的宽度，或者水平方向上的渲染块数量。

(2)Y：以像素为单位来决定最小渲染块的宽度，或者垂直方向上的渲染块数量。

(3)区域宽/高：该下拉列表中有两个选项，用于控制X、Y参数的计算方式。

(4)区域排序：用于决定渲染区域的排列顺序。

(5)反向排序：选择该选项，则采用与前面设置相反的顺序进行渲染。

3．分布式渲染

分布式渲染是一种能够将动画或单帧图像分配到多台计算机或多个CPU上渲染的多处理器支持技术。它的主要思路是把单帧划分成不同的区域发送到网络上，由各个网络的计算机单独计算每个区域，然后将所有渲染完成的区域再传送到本地计算机上合并成一幅完整图像。

(1)分布式渲染：该选项决定VRay是否采用分布式渲染。

(2)设置：单击该按钮，可以打开VRay分布式渲染设置[无名]对话框，如图3-024所示。该对话框用来添加、查找和移除网络计算机。

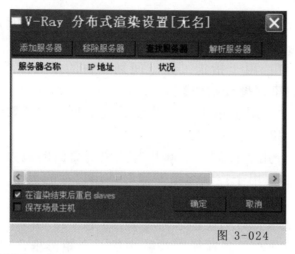

图 3-024

3.2　VRay灯光

　　VRay为用户提供了四种灯光，【VR灯光】、【VRayIES】、【VR环境灯光】和【VR太阳光】，如图3-025所示。

　　VR灯光可以从矩形或圆形区域发射光线，产生柔和的照明和阴影效果。选中VR灯光后，系统将打开VR灯光参数面板，如图3-026所示。

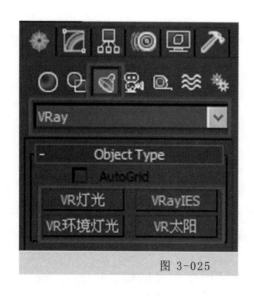

图 3-025

图 3-026

1．常规

常规参数栏如图3-027所示。

图 3-027

（1）开：设置灯光的开关，勾选表示打开，不勾选表示关闭。如果暂时不需要此灯光的照射，可以将它关闭。

（2）排除：允许指定对象不受灯光的照射影响，包括照明影响和阴影影响，用户可以通过对话框进行选择控制。

（3）类型：这是VR灯光的类型列表，里面提供了平面、球体、弯顶、网格4种不同的VR灯光。

2．强度

强度参数栏如图3-028所示。

图 3-028

（1）单位：此选项是灯光亮度单位列表，里面提供了4种亮度单位，分别介绍如下：

•默认(图像)：依靠灯光的颜色和亮度来控制灯光的强弱，如果忽略曝光类型，灯光色彩将是物体表面受光的最终色彩。

•光通量：当这个单位被选中时，灯光的亮度将和灯光的大小无关。

•光通量/每平方米/每球面：当这个单位被选中时，灯光的亮度和它的大小有关系。

•瓦特：当这个单位被选中时，灯光的亮度将和灯光的大小无关。需要注意的是，这里的瓦特和物理上的瓦特不一样，这里的100瓦特大约相当于物理上的2～3瓦特。

•瓦特/每平方米/每球面度：当这个单位被选中时，灯光的亮度和它的大小有关系。

（2）颜色：控制灯光的颜色。

（3）倍增器：设置灯光的倍增值。

新版本增加了温度和颜色选项。

3．大小

大小参数栏如图3-029所示。

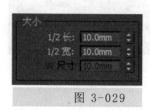

图 3-029

（1）1/2长：面长度的一半(如果灯光类型选择为球光，那么这里就变成球光的半径)。

（2）1/2宽：面宽度的一半(如果灯光类型选择为半球光或者球光，那么该参数不可用)。

（3）W尺寸：当前这个参数还没有被激活，在以后开放的Box灯光类型中将会用到它。

4．选项

选项参数栏如图3-030所示。

图 3-030

（1）投射阴影：是否对物体的光照产生阴影。

（2）双面：该选项可使灯光的双面都产生照明效果(当灯光类型为面光时有效，为其他灯光类型时无效)，如图3-031和图3-032所示。

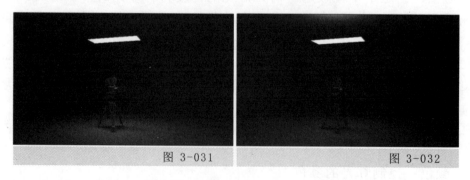

图 3-031   图 3-032

（3）不可见：这个选项用来控制VR灯光在最终渲染时是否可见。当勾选此项后，VRay灯光将在渲染中不可见，如图3-033所示。

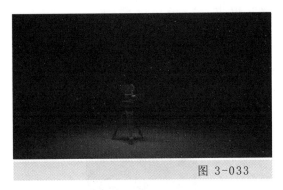

图 3-033

（4）忽略灯光法线：这个选项用来控制灯光是否按照光源的法线发射，如图3-034所示。

图 3-034

（5）不衰减：该选项用于控制光线的衰减。勾选该选项后，光线没有衰减，整个场景比较亮，也不怎么真实。

（6）天光入口：这个参数用于把VR灯光转换为天光，这时的VRay灯光就变成了GI灯光，失去了直接照明的功能。当勾选这个参数时，投射阴影、双面、不可见、忽略灯光法线、不衰减参数不可用，这些参数将被VR的天光参数取代。

（7）存储发光图：勾选这个参数后，在计算发光图时，VRay灯光的光照信息将保存在贴图里。

（8）影响漫反射：影响整个对象的漫反射。

（9）影响高光反射：影响整个对象的高光反射。

（10）影响反射：勾选该参数后会对物体的反射区进行光照，物体可以将光源进行反射。

5．采样

采样参数如图3-035所示。

图 3-035

（1）细分：用于控制VRay灯光的采样细分。数值越小，杂点越多，渲染速度越快；数值越大，杂点越少，渲染速度越慢。

（2）阴影偏移：这个参数用来控制物体与阴影的偏移距离，较高的值会影响灯光的方向偏移。

（3）中止：设置采样最小阈值。

6．纹理

纹理参数栏如图3-036所示。

图 3-036

（1）使用纹理：该参数允许用户使用贴图作为半球光或者面光的光照。

（2）None：设置贴图通道。

（3）分辨率：控制贴图光照的计算精度，最大为2048。

7．VR太阳

现在来介绍一下VR太阳的参数面板。选择VRay灯光下的VR太阳，系统将打开如图3-037所示的参数设置面板。下面介绍一些常用的选项及参数。

图 3-037

（1）激活：只有勾选该选项后，VR太阳才可用。

（2）浊度：指空气的清洁度，数值越大,阳光就越暖和。

（3）臭氧：即臭氧浓度的百分比。该参数也对阳光冷暖有一定的影响，数值范围是0～1。数值越小，阳光越冷；数值越大，阳光就会越暖和。

（4）强度倍增：调节阳光的强弱。

（5）大小倍增：数值越大，照到物体后投射的影子的虚边就越大。

（6）阴影细分：数值越大，影子越平滑。

（7）阴影偏移：阴影的偏移距离。

（8）光子发射半径：对VR太阳本身大小的控制，对光没有影响。

（9）排除：通过该选项可以在选择框下选择照射或不被照射的对象。

（10）3ds Max 2011增加了天空模型和间接水平照明两项。

3.3　VRay材质

VRay的材质类型是VRay渲染器的专用材质，它们能够很真实地模拟现实世界中物体的表面属性。VRay材质能在场景中得到更好的和更正确的照明(光子反弹)，以及更快的渲染速度和更方便控制的反射和折射参数。合理利用VRay材质能够提高渲染的速度。

VRay基本材质在VRay渲染器中是最常用的一种材质，可以通过它的贴图通道以及相关参数做出真实的材质，而且在场景中全部使用VRay基本材质比使用3ds Max材质的渲染速度快。

VRay基本材质的参数面板如图3-038所示。

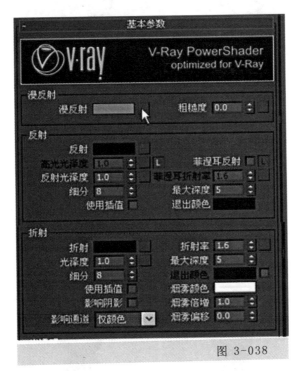

图 3-038

1．漫射

（1）漫射：用来决定物体的表面颜色。通过单击色块，可以调整它自身的颜色，单击右边的按钮可以选择不同的贴图类型。

（2）粗糙度：数值越大，粗糙效果越明显，可以用该参数来模拟绒布的效果。

2．反射

（1）反射：这里的反射强度是按颜色的灰度来控制的，颜色越白，反射越亮，颜色越黑，反射越弱。这里选择的有色相的颜色是过滤其他色，表现相应颜色，物体反射的强度是按这个颜色的灰度值来计算的。单击旁边的按钮，可以使用贴图的灰度以及色彩来控制反射的强弱和颜色，如图3-039所示。

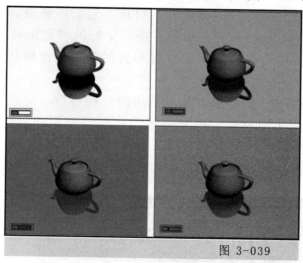

图 3-039

（2）高光光泽度：用于控制材质的高光大小，默认情况下是和反射模糊一起关联控制的。用户可以通过单击旁边的【L】按钮来解除锁定，从而单独调整高光的大小，如图3-040所示。

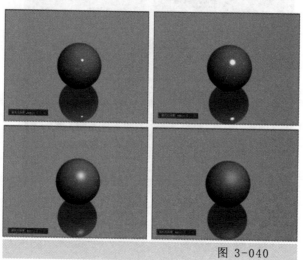

图 3-040

（3）反射光泽度：决定物体表面的光滑度，默认值1表示没有模糊效果，越低于1的值表示模糊效果越强烈，参数值的调节范围在0～1之间。单击右边的按钮，同样可以通过贴图的灰度来控制反射模糊的强弱。

（4）细分：此参数控制反射模糊的质量，较高的值可以取得较平滑的效果，而较低的值会使模糊区域有颗粒效果，细分越大，渲染速度越慢。

（5）使用插值：当勾选该项时，VRay能够使用类似于发光图的缓存方式来加快反射模糊的计算。

（6）菲涅耳反射：勾选此项后，反射强度会随着物体的入射角度而有所改变，光线入射角度越小，反射越强烈，当垂直入射时，反射强度最弱。默认菲涅耳反射为1.6。单击右边【L】按钮解除锁定时，菲涅耳反射的强度可以进行调整，其值越高，反射强度越高。

（7）最大深度：表示反射最大次数。反射次数越多，景象越真实。现实世界中的反射次数远远超过这个值，但因为计算机不可能反弹那么多次，所以需要人为调节反射次数来控制渲染时间。当然，次数越多计算时间也越慢。通常数值越高，效果越真实，但是在实际应用中，在不影响大效果的前提下，可以适当降低反弹次数来控制计算时间，一般控制在1～5之间。

3.折射

（1）折射：和反射的原理相同，同样是由颜色的灰度值来决定物体的透明度，颜色越白，物体透明度越高，颜色越黑，物体透明度越低。这里选择的有色相的颜色是过滤其他色，折射出相应颜色，物体的透明度则是按这个颜色的灰度值来计算的。单击旁边的按钮，可以使用贴图的灰度以及色彩来控制折射的强弱和颜色。

（2）光泽度：此选项可控制物体的折射模糊程度，数值越小，模糊程度越明显，默认值1不产生折射模糊。单击右边的按钮，可以通过贴图的灰度来控制折射模糊的强弱。

（3）细分：控制折射模糊的质量，较高的值可以取得较平滑的效果，但渲染速度会比较慢，而较低的值在模糊区域会有杂点产生，渲染速度相对较快。

（4）使用插值：当勾选使用插值时，VRay能够使用类似于发光图的缓存方式来加快折射模糊的计算。

（5）影响阴影：控制透明物体产生的阴影。勾选该参数后，当使用VRay灯光或者VRay阴影类型的灯光时，透明物体将产生真实的透明阴影。

（6）影响Alpha通道：勾选该选项，将产生透明物体的Alpha通道。

（7）折射率：设置透明物体的折射率，可根据实际物体的物理属性设置折射率。

（8）最大深度：同反射中的最大深度原理一样，此项可控制折射的最大次数。

（9）退出颜色：当物体的折射次数达到最大次数时就会停止计算折射，这是由于折射次数不够造成的。折射区域的颜色可用退出颜色来代替。

（10）烟雾颜色：假设透明物体内部含有金属元素，那么该参数就控制所含的金属元素，金属元素不同，那么透明物体就会折射出不同的颜色，效果与现实世界中的透明物体相同。

（11）烟雾倍增：可以理解为金属元素的浓度，值越大，颜色越浓，光线穿透物体的能力越差。

（12）烟雾偏移：烟雾的偏移，较低的值会使烟雾向摄像机的方向偏移。

透明玻璃材质的参数设置如图3-041所示。

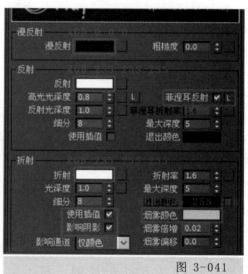

图 3-041

渲染的最终效果如图3-042所示。

图 3-042

在效果图制作中，比较常见的材质有金属、不锈钢、拉丝金属、布料等，下面通过实例来讲解。

3.4　VRay材质的应用(实例:卫生间)

　　本节案例是一个卫生间场景，案例效果如图3-043所示。本节主要介绍VRay卫生间常用材质(毛巾、地毯、陶瓷、不锈钢、玻璃等)的制作方法。

图 3-043

3.4.1　创建摄像机及检查模型

1. 创建摄像机

(1)打开配套光盘中的"第3章/卫生间.max"文件，如图3-044所示。

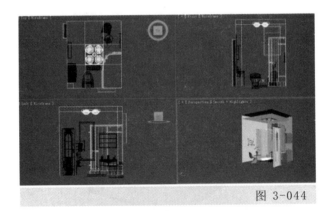

图 3-044

　　(2)在顶视图中创建摄像机并调整摄像机的位置，如图3-045所示。

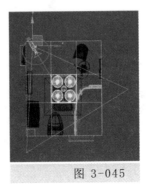

图 3-045

（3）切换到左视图，调整摄像机的高度，如图3-046所示。

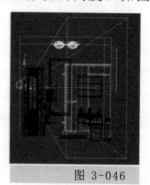

图 3-046

（4）根据场景的实际需要，设置摄像机的镜头为26.0mm，如图3-047所示。

图 3-047

（5）按【F10】键打开渲染面板，协调测试图像的宽度为1376像素，高度为1600像素，并锁定图像比例，如图3-048所示。

图 3-048

（6）按【C】键，切换视图到摄像机视图，按组合键【Shift+F】打开安全框，得到最终渲染图像的视图范围，如图3-049所示。

图 3-049

2．检查模型

（1）设置一个全局材质，将材质拖拽到渲染面板的替换材质按钮上，如图3-050所示。

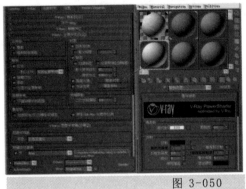

图 3-050

（2）在【图像采样器】对话框中，选择采样方式为【固定】，如图3-051所示。

图 3-051

（3）调节GI的参数，设置【首次反弹】为【发光图】类型，【二次反弹】为【灯光缓存】类型，如图3-052所示。

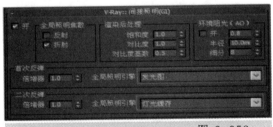

图 3-052

（4）设置发光图的参数，将当前预置设置为【低】，如图3-053所示。

图 3-053

（5）设置V-Ray灯光缓存参数，如图3-054所示。

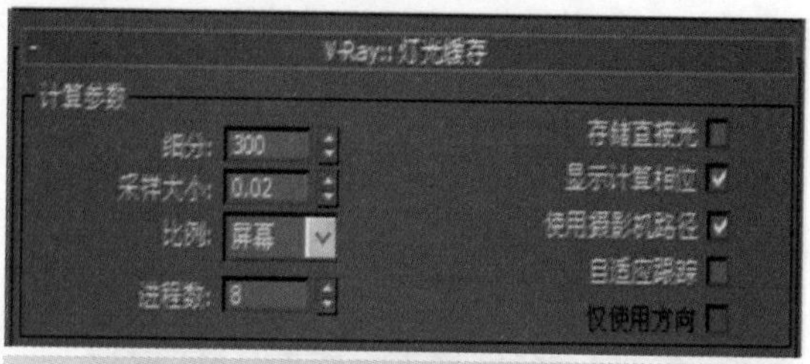

图 3-054

（6）勾选环境对话框中的【全局照明环境(无光)覆盖】选项，将【倍增器】的值改为3.0，使用GI天光对场景进行照明，如图3-055所示。

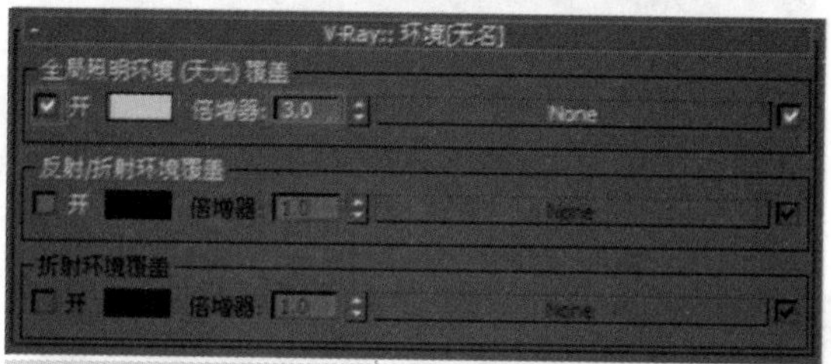

图 3-055

（7）其他参数保持默认即可。测试渲染效果如图3-056所示。

图 3-056

观察测试渲染效果可以看到，模型没有出现任何问题，接下来就可以对场景中的模型指定材质了。

3.4.2 设定材质

1. 墙砖材质

材质特点：表面光泽度高，具有一定的反射。

卫生间的墙面一般都会铺贴一层墙砖，用于内墙装饰并起到防水作用。

（1）选择一个空白材质球，并将材质命名为"内墙砖"，然后单击【Standard】按钮，在材质/贴图浏览器中选择【VRaymtl】类型，在【漫反射】通道中指定一张墙砖的纹理贴图，单击反射后面的通道按钮，指定一个【Falloff】类型为【Fresnel】，设置【高光光泽度】为0.86，【反射光泽度】为0.95，【细分】为12，如图3-057所示。

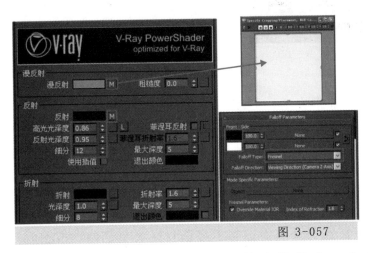

图 3-057

（2）将材质赋予场景中的墙体模型，并为其指定一个合适的UVW Mapping坐标，设置参数如图3-058所示。

（3）设置完成后的墙砖材质球效果如图3-059所示。

图 3-058

图 3-059

2. 不锈钢材质

材质特点：材质表面比较光滑，且质感很强、质地坚硬、反射强烈、高光明显。

（1）将漫反射的颜色设置为黑色，参数为RGB（0 0 0）；将反射的颜色设置为RGB（180 180 180），以控制材质表面的反射强度；设置反射的【高光光泽度】为0.8，【反射光泽度】为0.9，【细分】为12，如图3-060所示。

（2）设置完成后的不锈钢材质效果如图3-061所示。

图 3-060

图 3-061

3．陶瓷材质

材质特点：表面非常光滑，硬度高；反射比较明显。

此材质通常使用于家居卫生间内。现代的洗手盆大多用亚克力或玻璃纤维制造，亦有用陶瓷、钢铁甚至木材制造的。洗手盆最常见的颜色是白色。

（1）设置漫反射颜色为白色，单击【高光光泽度】右边的通道按钮，指定一个衰减命令，然后选择衰减的类型为【Fresnel】，其他参数默认，如图3-062所示。

（2）设置完成后洗手盆的陶瓷和不绣钢材质效果如图3-063所示。

图 3-062

图 3-063

4．白漆材质

（1）在漫反射中设置白漆的表面颜色为白色，【高光光泽度】为0.86，【反射光泽度】为0.96，【细分】为12。展开【贴图】卷展栏后，在凹凸通道中浏览一张木纹的黑白纹理贴图，设置【凹凸】值为15.0，使渲染出来的材质有较轻微的凹凸效果，如图3-064所示。

（2）设置完成后的白漆材质效果如图3-065所示。

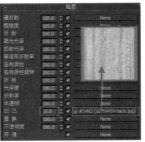

图 3-064

图 3-065

5. 毛巾材质

在漫反射通道中设置一张清晰的毛巾纹理图，然后单击【View lmage】按钮，将图像调整至合适区域。勾选适用选项,这样就可以使用想要的贴图区域了。设置贴图的Blur模糊值为0.01，使毛巾的纹理在渲染出来的效果中更加清晰。展开【贴图】卷展栏，在凹凸通道中浏览一张毛巾的黑白纹理贴图，并设置凹凸值为12.0，使渲染出来的材质有一定的凹凸效果，如图3-066所示。

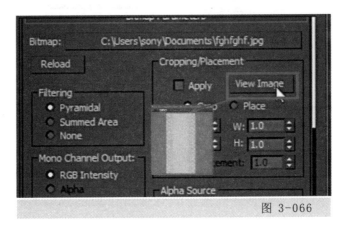

图 3-066

设置完成后的毛巾材质效果如图3-067所示。

图 3-067

6. 地毯毛发效果

地毯毛发可以使用VRay毛发来制作。VRay毛发可以模拟出现实世界中简单的毛发效果，常常用来表现毛巾、衣服、地毯、草地等。

（1）选择场景中的地毯模型物体，将其分段数【Length Segs】设置为30，【Width Segs】设置为15，如图3-068所示。

（2）保持地毯模型的选择状态，单击创建面板按钮，在选项栏中选择V-Ray物体类型，进入到VRay创建面板，然后单击Object Type下的【VR毛发】按钮，给地毯模型添加一个VR毛发命令，如图3-069所示。

图 3-068

图 3-069

（3）根据地毯的大小和效果，设置VR毛发的参数，如图3-070所示。

（4）打开材质编辑器面板，选择一个空白材质球，在漫反射通道中指定一张清晰的地毯纹理贴图，其他参数保持默认即可，如图3-071所示。

图 3-070

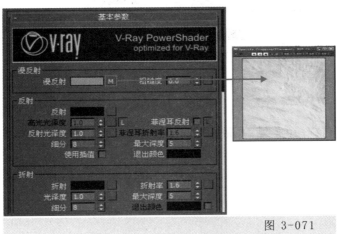

图 3-071

（5）选择场景中的地毯模型和VR毛发，将地毯材质赋予模型，这样就完成了毛发地毯的制作。毛发地毯在场景中的渲染效果如图3-072所示。

图 3-072

7．镜子材质

镜子和镜面不锈钢的质感差不多，只是没有模糊效果而已。因为镜子是完全反射，所以设置漫反射颜色为黑色，参数为RGB（0 0 0），反射通道的颜色为白色，参数为RGB（255 255 255），其他参数保持不变，如图3-073所示。

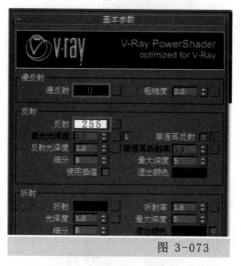

图 3-073

设置完成后的镜子材质效果如图3-074所示。

图 3-074

8．玻璃材质

玻璃材质是一种常见的材质，具有透明的质感，有较强烈的反射。其参数设置如图3-075所示，漫反射的通道颜色和反射的通道颜色均为白色(若想让其完全反射，可勾选菲涅尔反射，设置折射通道颜色为白色，参数为RGB(255，255，255)，表示材质完全透明)，设置玻璃的【折射率】为1.5，烟雾颜色为淡蓝色RGB（188，234，255），【烟雾倍增】为0.02，这样可使颜色显示不那么浓。

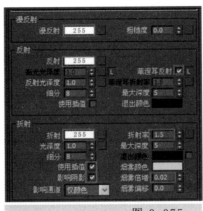

图 3-075

设置完成后的玻璃材质效果如图3-076所示。

图 3-076

9. 地砖材质

卫生间地面一般采用防滑砖。防滑砖是一种没有上釉的瓷质砖，有很好的防滑耐磨性。

在漫反射贴图通道中指定一张地砖材质的纹理贴图，设置贴图的【Blur】模糊值为0.01，反射的颜色为RGB(20, 20, 20)，【高光光泽度】为0.86，【反射光泽度】为0.9，【细分】为12，如图3-077所示。

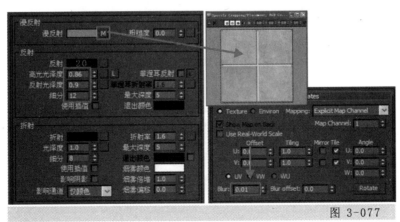

图 3-077

设置完成后的地砖材质效果如图3-078所示。

图 3-078

3.4.3 布置灯光并渲染出图

因为有一个窗户与室外相连，所以本场景将用太阳光和天光作为重点照明，再结合室内吸顶灯来表现场景的白天效果。

1. 设置测试参数

（1）按【F10】键设置测试渲染的尺寸参数，如图3-079所示。

图 3-079

（2）展开【V-Ray全局开关】卷展栏，设置参数如图3-080所示。

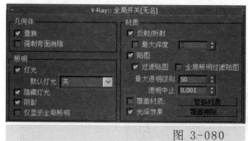

图 3-080

（3）展开【V-Ray图像采样器(反锯齿)】卷展栏，设置参数如图3-081所示。

图 3-081

（4）展开【V-Ray颜色贴图】卷展栏，设置参数如图3-082所示。

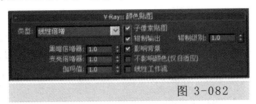

图 3-082

（5）展开【V-Ray环境】卷展栏，取消勾选【全局照明环境(天光)覆盖】选项，如图3-083所示。

图 3-083

（6）展开【V-Ray间接照明】卷展栏，设置【首次反弹】的类型为【发光图】，【二次反弹】的类型为【灯光缓存】，如图3-084所示。

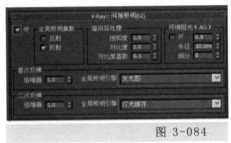

图 3-084

（7）展开【V-Ray发光图】卷展栏，设置参数如图3-085所示。

图 3-085

（8）展开【V-Ray灯光缓存】卷展栏，设置参数如图3-086所示。

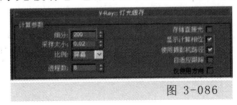

图 3-086

2．设置灯光

（1）创建一个VR太阳灯光，设置参数如图3-087所示。

（2）在顶视图中拖拽鼠标，创建一个VR太阳。在弹出的VRay太阳对话框中单击"是"按钮，在系统的环境贴图中添加一个VR天光，如图3-088所示。

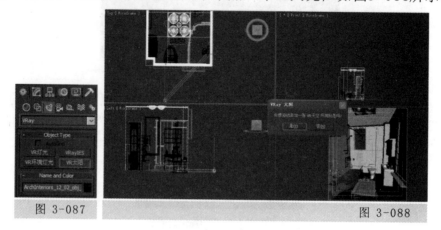

图 3-087　　　　　　　　　　　　图 3-088

（3）按数字键【F8】，打开环境设置面板，可以看到在VR太阳环境的贴图通道中已经关联了一个VR天空光，如图3-089所示。

图 3-089

（4）按【M】键打开材质编辑器面板，将环境的VR天空光拖拽到一个空白的材质球上，选择【关联】方式并设置VR天空光参数，如图3-090所示。

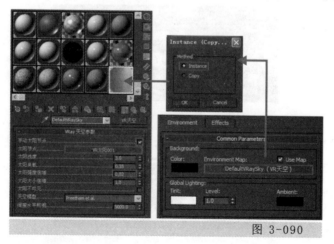

图 3-090

（5）选择当前视图为左视图，移动VR太阳的位置。因为场景要表现的是白天的光照效果，所以将VR太阳移动到如图3-091所示的位置。

（6）设置VR太阳的倍增值，如图3-092所示。

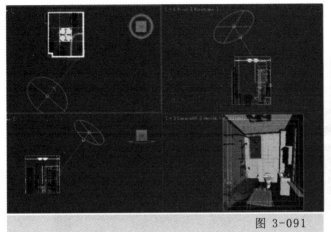

图 3-091　　　　　　　图 3-092

（7）确定当前视图为摄像机视图，按组合键【shift+Q】进行测试渲染。渲染效果如图3-093所示。

图 3-093

观察测试效果，室外的太阳光与环境光表现得不错，但由于窗口较小，阳光只有小部分能照射进来，没有灯光照射的地方都很暗。

（8）按【F10】键，展开【V-Ray颜色贴图】卷展栏，将【伽玛值】改为1.6，如图3-094所示。

（9）测试渲染图像，如图3-095所示。

图 3-094

图 3-095

　　观察测试效果，发现场景基本亮起来了，但由于场景的窗户比较小，光线反弹不够，所以接下来在场景的窗户位置添加一个平面光，从而增加场景的天光效果。

　　（10）切换到前视图，创建一个平面光，将其放置在场景窗户的位置，如图3-096所示。

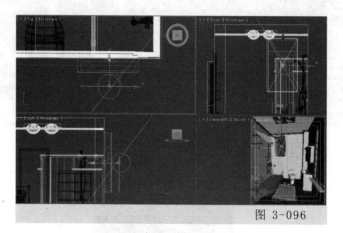

图 3-096

　　（11）设置平面光的颜色、倍增值、大小参数，操作界面如图3-097所示。

图 3-097

　　（12）设置完平面光后便可对场景进行测试渲染，效果如图3-098所示。

图 3-098

（13）在场景吸顶灯、浴霸位置布置灯光，创建一个球光，如图3-099所示。

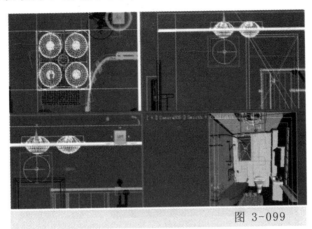

图 3-099

（14）设置球光的颜色、倍增值、大小参数，操作界面如图3-100所示。

图 3-100

（15）将灯光以关联的方式进行复制，再将其移动到吸顶灯浴霸的位置，然后进行测试渲染，效果如图3-101所示。

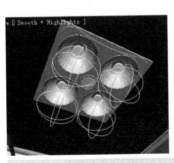

图 3-101

（16）用VRay灯光制作灯带，在创建面板中选择平面光源，然后在顶视图中拖拽并创建一个平面光，将其移动到合适位置，如图3-102所示。

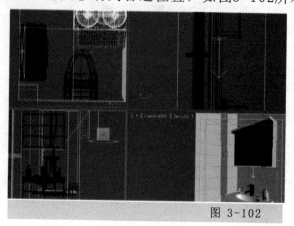

图 3-102

（17）设置平面光的颜色、倍增值、大小参数，操作界面如图3-103所示。

图 3-103

（18）切换到第二个摄像机，渲染效果如图3-104所示。

图 3-104

3.4.4 设置最终渲染参数

材质的细分在设置的时候就已经完成了，接下来设置灯光细分。

（1）选择场景中的VR太阳，在VRay太阳参数中设置【阴影细分】值为30，如图3-105所示。

（2）选择窗户位置的平面光，设置灯光的【细分值】为20，将其他平面光和球光的【细分】值设置为15，如图3-106所示。

图 3-105

图 3-106

（3）按【F10】键打开渲染面板，设置最终渲染图像的尺寸，如图3-107所示。

图 3-107

（4）展开【V-Ray图像采样器(反锯齿)】卷展栏，设置【图像采样器】的类型为【自适应确定性蒙特卡洛】，抗锯齿过滤器为【Mitchell-Netravali】，如图3-108所示。

图 3-108

（5）展开【V-Ray间接照明(GI)】卷展栏，选择GI引擎的搭配为【发光图】与【灯光缓存】类型，如图3-109所示。

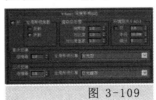

图 3-109

（6）展开【V-Ray发光图】卷展栏，选择当前预置为【高】，设置参数如图3-110所示。

图 3-110

（7）展开【V-Ray灯光缓存】卷展栏，在该面板中设置【细分】值为1500，设置参数如图3-111所示。

图 3-111

（8）展开【V-Ray确定性蒙特卡洛采样器】卷展栏，设置参数如图3-112所示。

图 3-112

（9）设置完成之后，就可以渲染出多个角度的效果图了。最终效果如图3-113所示。

图 3-113

3.5 本章小结

本章的案例比较简单，笔者主要想通过简单的案例来引导读者学习VRay渲染的基本流程，让读者熟悉VRay材质和灯光设置的一般方法，从而为后面大型案例奠定坚实的基础。

CHAPTER 4

第四章　场景建模的表现形式

学习重点

★了解几种常见的建模方法

★熟练各个窗口之间的转换

★了解各个命令的使用方法及作用

4.1 概述

在室内装饰设计中，效果图的制作是必不可少的。根据其制作过程可以分为前期、中期与后期三个阶段。前期的主要工作是建模；中期的主要工作是调整材质、灯光及渲染；后期的主要工作是在Photoshop中完善效果图。

4.2 常用的建模方法

效果图的前期就是指在3ds Max中进行建模。建模是一项最基础的工作，在制作室内效果图时，常用以下几种建模方法。

1. 堆砌法

堆砌法指对室内空间造型或家具等使用最基本的几何形体进行拼接与搭建，这种方法很容易掌握，但是只适合于规则的模型，同时这种方法产生的模型点面数较多，不适合高级灯光渲染。

2. 二维图形修改法

二维图形修改法是一种由二维图形转换成三维造型的建模方法，在制作室内效果图时使用非常频繁。经常使用的修改命令有挤出、车削、倒角、倒角剖面等，这种建模方法主要适合于形态不规则、非中规中矩、呈曲线形态的室内造型。

3. 三维造型修改法

三维造型修改法是指在建模时先建立一个基础的三维模型，然后通过修改命令对其进行修改，从而得到最终的造型。使用这种方法进行建模时，基础造型的分段数非常重要，需要根据实际情况合理设置。设置过高会导致模型的点面数增多，而设置过低往往得不到需要的结果。经常使用的三维修改命令有弯曲、锥化、编辑网格等。

4. 放样建模法

放样建模是一种高级建模技术，适合制作复杂的造型。进行放模时，需要创建两个以上的二维图形，其中一个作为放样路径；另一个作为放样截面，放样截面可以有多个。放样截面沿着放样路径伸长，就形成了三维造型。另外，由放样生成的三维造型可以方便地进行修改，其中包括缩放、扭曲、倒角、拟合等。

5. NURBS 曲线建模

NURBS使用各种专用的曲面建模工具，如Trim[剪切]、Blend[融合]、Stitch[缝合]等，在各种软件中用法大同小异。NURBS尤其适用于精确的工业曲面建模，同时也可以用于生物模型的制作。

6．面片建模

面片建模方法比较独特，它是利用可调节曲率的面片进行模型拼接，其优点是将模型的制作变为立体线框的搭建，用于编辑的顶点少，与NURBS曲面建模非常类似，但是没有NURBS要求那么严格，只要是三角形和四边形的面片，都可以自由地拼接在一起。

7．布尔运算建模

布尔运算可以实现模型之间的加减交运算，在实际制作中会常常用到。它的优点是使我们的制作思维更加简单，但在进行多个物体或连续多次布尔运算时，常会出现无法计算或计算错误的情况。

8．动力学建模

动力学建模是一种新型的建模方式，它的原理是依据动力学计算来分布对象，达到非常真实的随机效果。

9．散布建模

散布建模是将一个模型复制多个，分布到另一个模型的表面，常用于创建大量的、随机的模型，如山坡上的石块、草地、麦田、头发等。

由于模型格式的相通性，这些建模方法都可以用在同一项工作中。使用最佳的方法不仅可以得到更为优秀的模型，而且还可以提高制作效率。

在建模方法中还有第三方软件(插件)建模，能快速方便的建模。

4.3　实例一：同桌的你

本案例是建模最基础的方法，堆砌法建模效果如图4-000所示。

图 4-000

（1）启动 3ds Max软件。

（2）单击菜单【Customize】/【Units setup】命令，设置系统单位为毫米，如图4-001所示。

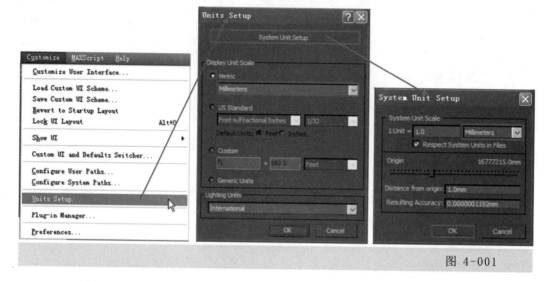

图 4-001

（3）在【创建】面板中，选择【Box】立方体命令，在顶视图中绘制一个立方体。单击按钮 进入修改参数面板，如图4-002所示。

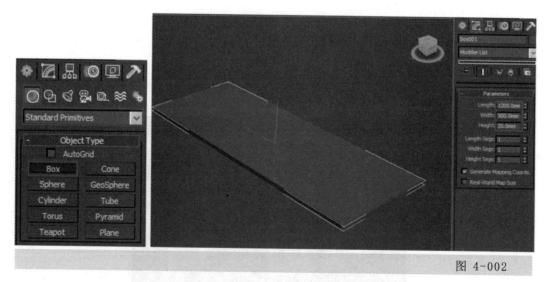

图 4-002

（4）选择【Box】立方体命令，在顶视图绘制一个桌腿，进入【修改】面板修改参数，如图 4-003所示。

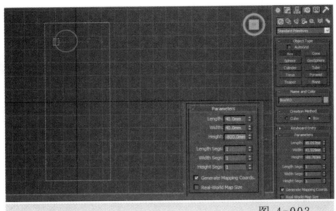

图 4-003

（5）选择场景的课桌腿，按住【Shift】键不松并配合移动工具复制出三个相同的桌腿，在弹出的对话框中选择【Instance】关联复制，调整到适当的位置，如图 4-004所示。

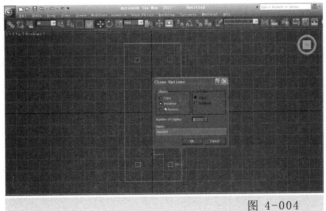

图 4-004

（6）在前视图内选择场景中的桌面，按住【Shift】键不松并配合移动工具复制一个对象，向下移动到适当的位置，进入【修改】面板调整参数，如图 4-005、4-006所示。

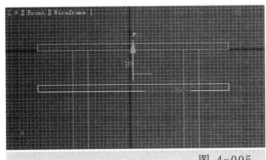

图 4-005

图 4-006

（7）选择顶视图【Top】，按组合键【Alt+W】最大化显示视图。在常用工具栏中的捕捉按钮上单击右键，在弹出的对话框中选择【Vertex】交叉点对齐。然后将桌腿和底板的位置对齐，如图 4-007、图4-008所示。

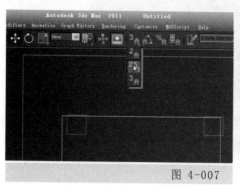

图 4-007

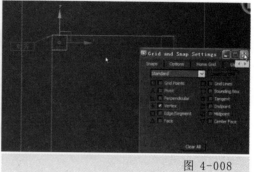

图 4-008

（8）选择【Box】立方体命令，在前视图中绘制一个立方体。进入【Parameters】面板，将其高度参数设置为20mm，如图 4-009所示。

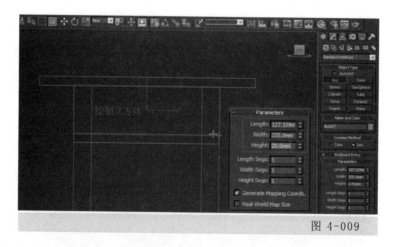

图 4-009

（9）选择场景中绘制好的挡板，移动到适当的位置，如图 4-010所示。

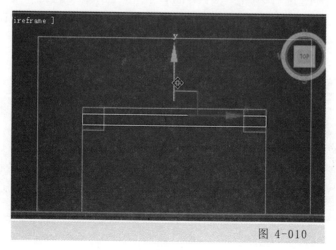

图 4-010

（10）选择场景中的挡板，按住【Shift】键并配合移动工具复制出两个相同的挡板，在弹出的对话框中选择【Instance】关联，设置参数如图 4-011所示。

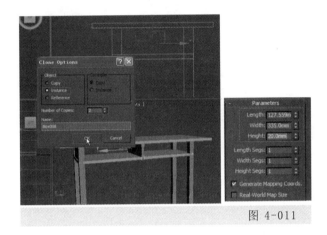

图 4-011

（11）在左视图绘制一个立方体，随后进入【修改】面板，修改立方体参数，将其高度设置为20mm并调整它的位置，如图 4-012所示。

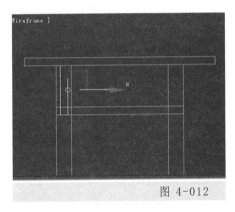

图 4-012

（12）在前视图中绘制一个立方体并修改参数，操作界面如图 4-013所示。

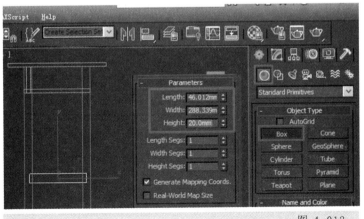

图 4-013

（13）返回左视图，调整横档的位置，如图 4-014所示。

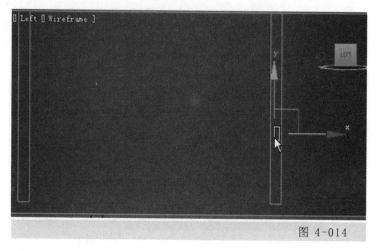

图 4-014

（14）在左视图中选择横档，按住【Shift】键并配合移动工具复制出另一个横档，在弹出的对话框中选择【Instance】关联，设置参数如图 4-015所示。

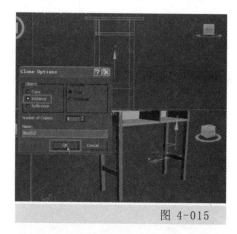

图 4-015

（15）按组合键【Shift+Q】快速测试渲染透视图，如图 4-016所示。

图 4-016

（16）按【F10】键，打开【渲染设置】对话框，在【Common】公用选项卡中展开指定渲染器卷栏,单击【Production】产品选项右侧的███按钮，在弹出的对话框中选择【Vray Adv1.50 SP4】选项，如图 4-017所示。

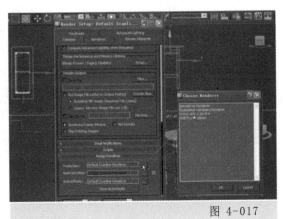

图 4-017

（17）按【M】键打开【材质编辑器】对话框，在对话框中选择一个空白样本球，单击███按钮指定给场景模型，然后单击【Standard】/【VR材质】材质类型，如图 4-018所示。

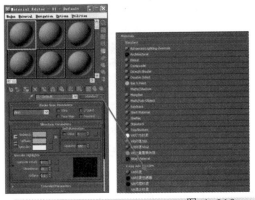

图 4-018

（18）在基本参数卷栏中，单击漫反射后面的按钮███，在弹出的【Material/Map Browser】材质/贴图浏览器对话框中双击【Bitmap】位图贴图类型，如图 4-019所示。

图 4-019

（19）指定本书配套光盘中提供的图片，然后单击按钮，显示如图4-020所示材质。

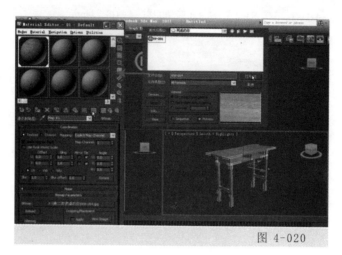

图 4-020

（20）调整贴图的坐标，并在卷栏中设置【W】值为90，如图4-021所示。

图 4-021

（21）按组合键【Shift+Q】快速测试渲染，最终效果如图4-022所示。

图 4-022

4.4　案例二：三维场景建模——石凳石桌

本案例是建模最基础的方法，主要介绍布尔运算建模方法。如图4-023所示。

图 4-023

（1）启动 3ds Max软件。

（2）在创建面板中找到【Extended Primitives】扩展几何图形，选择【ChamferCyl】倒角圆柱命令，在透视图上拖拽鼠标绘制一个倒角圆柱，进入修改面板,其修改参数如图4-024所示。

图 4-024

（3）单击按钮  进入修改面板，选择【Taper】锥化命令设置参数。如图4-025所示。

（4）在创建面板中找到【Standard Primitives】标准几何图形，选择【Cylinder】圆柱命令，在前视图中拖拽鼠标绘制一个圆柱，并进入修改面板设置圆柱参数，如图4-026所示。

图 4-025

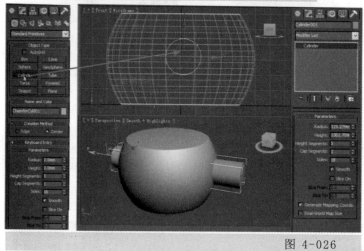

图 4-026

（5）选择场景中的圆柱体，在菜单栏中单击旋转 按钮，设置圆柱体的中心点。如图4-027所示。

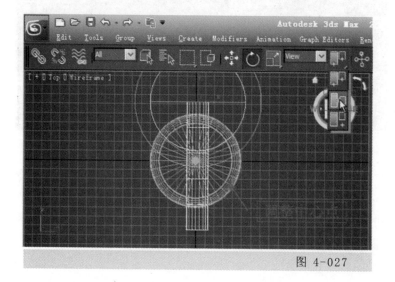

图 4-027

（6）在菜单栏中单击旋转按钮 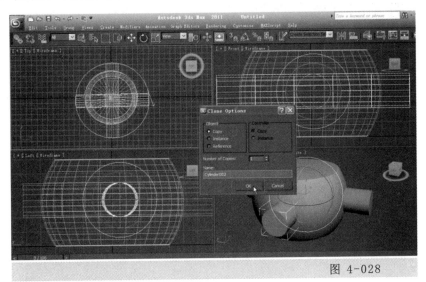，并按住【Shift】键，旋转复制出另一个圆柱体，如图4-028所示。

图 4-028

（7）选择场景中的倒角圆柱，单击创建按钮 进入创建控制面板，选择【Compound Objects】复合物体/【Boolean】布尔运算，然后单击按钮 Pick Operand B ，选择场景中的圆柱体进行布尔运算，如图4-029所示。

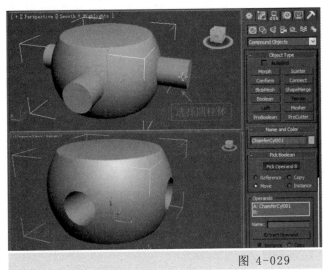

图 4-029

（8）单击鼠标右键退出，再次选择布尔运算命令，拾取另一个圆柱体，如图4-030所示。

（9）选择场景中的石凳模型，按【Shift】键并使用移动工具，复制出另一个石凳，如图4-030所示。选择两个石凳，再次使用旋转工具复制出另外两个石凳，如图4-031所示。

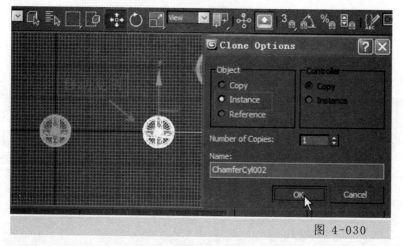

图 4-030

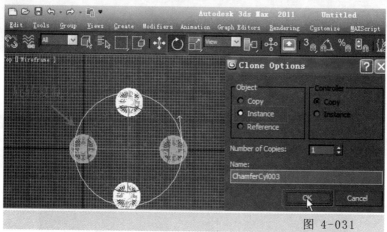

图 4-031

（10）在创建面板中找到【Extended Primitives】扩展几何图形，选择
【ChamferCyl】倒角圆柱命令，在透视图中拖拽鼠标绘制一个倒角圆柱，进入
修改面板，修改倒角圆柱参数，如图4-032所示。

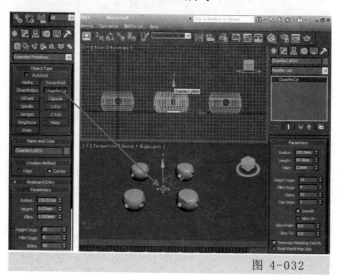

图 4-032

（11）选择场景中的倒角圆柱体，按住【Shift】键并配合移动工具复制出另一个圆柱体，修改其参数，如图4-033所示。

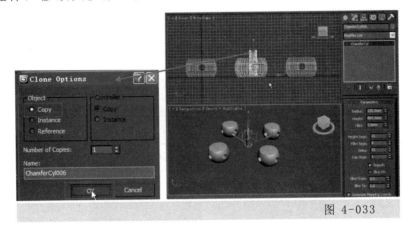

图 4-033

（12）同样，选择场景中的倒角圆柱体，按住【Shift】键并配合移动工具复制出另一个圆柱体，修改其参数，如图4-034所示。

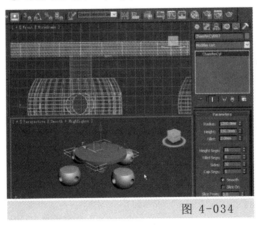

图 4-034

（13）按【M】键打开【材质编辑器】对话框，在对话框中选择一个空白样本球并单击按钮 🔲 指定给场景模型，并选择【Standard】/【VR材质】类型，如图4-035所示。

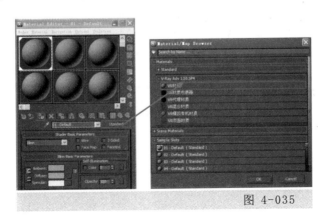

图 4-035

（14）在【基本参数】卷展栏中，单击【漫反射】后面的空白按钮，在弹出的对话框中选择【Bitmap】位图贴图，如图4-036所示。

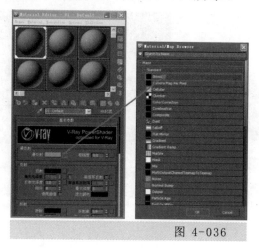

图 4-036

（15）指定配套光盘提供的【WW-064】文件，单击按钮  显示如图4-037所示材质。

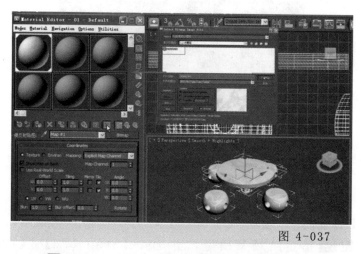

图 4-037

（16）单击按钮 返回上一级，修改【反射】颜色，如图4-038所示。

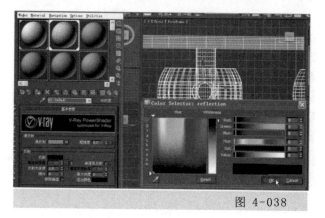

图 4-038

（17）选择场景内的所有模型，进入修改控制面板添加【UVW Mapping】命令修改参数，如图4-039所示。

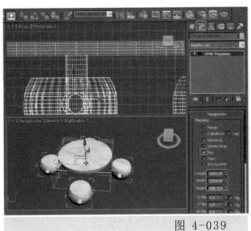

图 4-039

（18）在创建面板中选择【Plane】平面并在顶视图绘制一个平面作为地面，如图4-040所示。

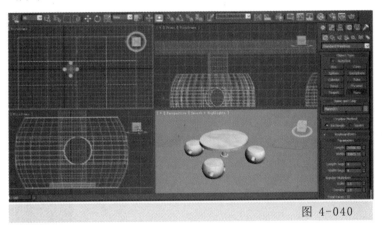

图 4-040

（19）按【M】键，打开【材质编辑器】，选择一个空白样本球指定给场景模型，单击【Standard】/【VR材质】选择材质类型，如图4-041所示。

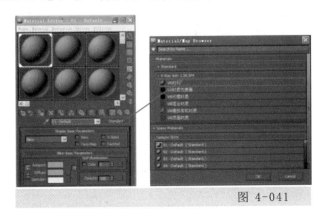

图 4-041

（20）在【基本参数】卷展栏中，单击【漫反射】后面的空白按钮，在弹出的【材质/贴图浏览器】对话框中选择【Bitmap】位图贴图类型，如图4-042所示。

图 4-042

（21）选择场景地面，进入修改控制面板添加【UVW Mapping】命令修改参数，如图4-043所示。

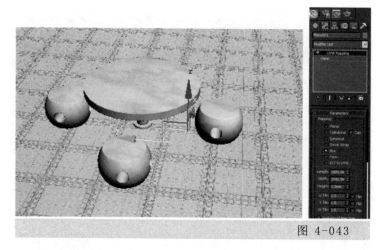

图 4-043

（22）单击按钮 返回上一级，设置【反射】颜色，如图4-044所示。

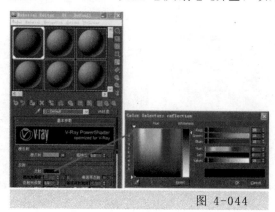

图 4-044

（23）在创建面板中找到【AEC Extended】扩展类型，选择一棵树并在透视图中拖拽鼠标，如图4-045所示。

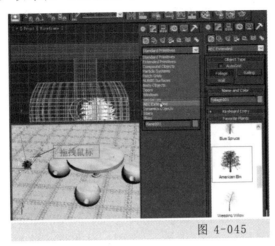

图 4-045

（24）选择场景中的树模型，在菜单栏中选择缩放按钮■并单击鼠标右键，在弹出的对话框中设置百分比大小，调整位置，如图4-046所示。

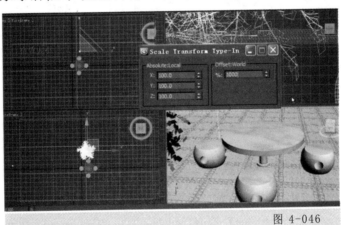

图 4-046

（25）在创建面板中选择【Standard】标准灯光，并在前视图中拖拽鼠标绘制一盏目标平行光用来模拟太阳光，如图4-047所示。

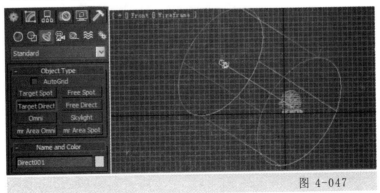

图 4-047

（26）在修改面板中设置目标平行光的参数，如图4-048所示。

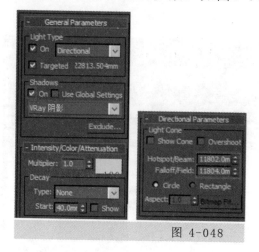

图 4-048

（27）按【F10】键进入渲染设置，如图4-049所示。

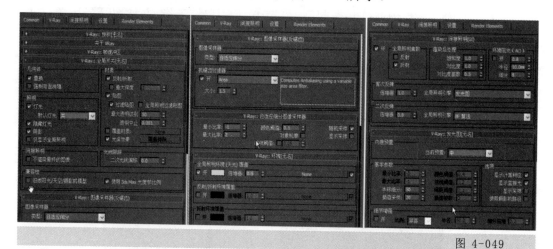

图 4-049

（28）按组合键【Shift+Q】快速测试渲染，得到最终效果如图4-050所示。

图 4-050

4.5　实例三：二维场景建模——水杯

本案例建模是制作一个水杯，如图4-051所示。通过本案例的学习，读者可以了解软件基本操作流程和主要工具，从二维到三维的方法，3ds Max自身的材质和灯光的使用。

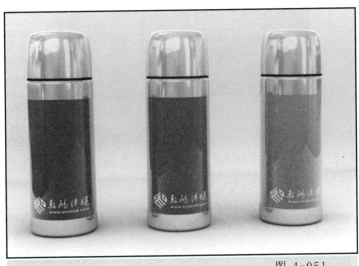

图 4-051

（1）启动 3ds Max软件。

（2）进入创建面板并选择【Splines】样条线和【Line】线选项，并在前视图中绘制出水杯的的剖面线，如图4-052所示。

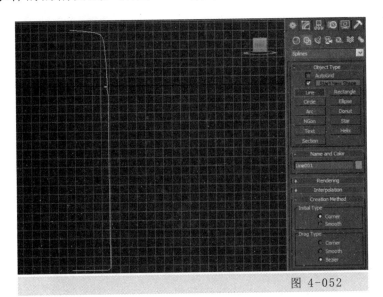

图 4-052

（3）进入修改器控制面板，为其添加【Lathe】车削命令，并在【Align】窗口中选择【Min】最小对齐，形成一个水杯形状，如图4-053所示。

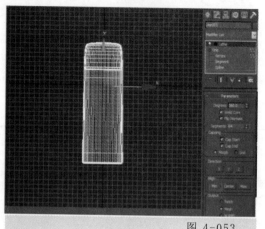

图 4-053

（4）返回【Line】线命令，单击按钮 ▮▮ 打开最终显示，按数字键【1】选择节点，再选择【Fillet】圆滑角，在交点处拖拽鼠标。此时该点会分离出两点，两点之间由圆滑曲线连接，形成一个圆滑的效果。如图4-054所示。

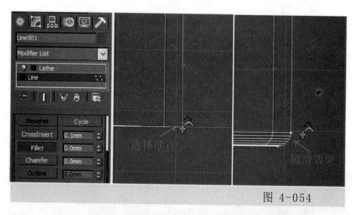

图 4-054

（5）进入创建面板，选择【Spline】样条线和【line】线选项，在左视图中绘制一条曲线作为地面，如图4-055所示。

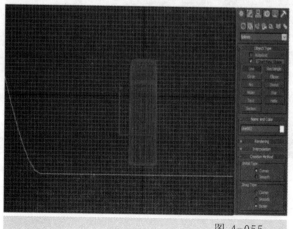

图 4-055

（6）在修改控制面板中，为其添加【Extrude】挤出命令，并将其数值设为2000mm，如图4-056所示。

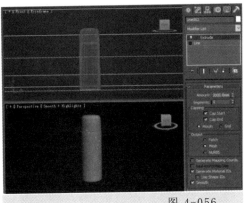

图 4-056

（7）为其添加【Normal】法线命令，在透视图中按住【Alt】键并配合鼠标中间键旋转场景到合适的角度，如图4-057所示。

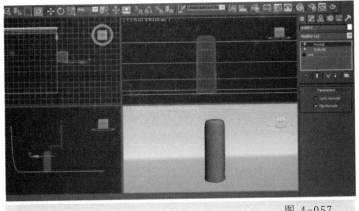

图 4-057

（8）按【M】键打开【材质编辑器】，选择一个空白样本球并命名为"地面"，单击按钮 指定给地面模型，参数设置如图4-058所示。

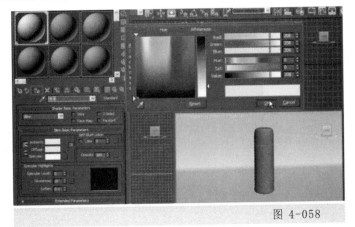

图 4-058

（9）选择一个空白样本球并单击按钮 指定给水杯模型，然后选择【Standard】/【Multi/Sub-Object】多维子材质。如图4-059所示。

图 4-059

（10）单击 Set Number 设置多维/子材质的数量为"3"，并给每个子材质命名。如图4-060所示。

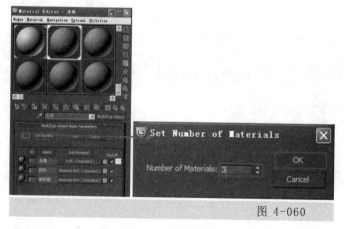

图 4-060

（11）单击"金属"水杯后面的【Standard】按钮，在阴影基本参数面板中设置阴影的生成方式为【Metal】金属，再在【Metal Basic Parameters】金属基本参数面板中设置参数。如图4-061所示。

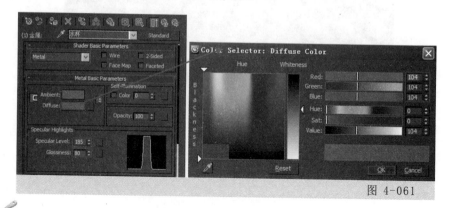

图 4-061

（12）单击【Maps】卷展栏，进入Maps贴图面板，勾选【Reflection】反射，再单击右侧的【None】按钮，在弹出的对话框中选择【Raytrace】光线跟踪，如图4-062所示。

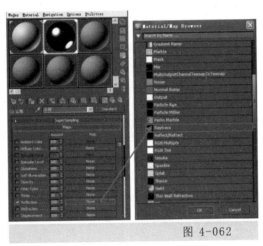

图 4-062

（13）单击按钮 返回上一级，再单击颜色右侧的按钮，设置阴影的生成方式为【Multi-Layer】多层级，将它的【Ambient】反射值颜色设置为较深的红色，RGB值为（137，0，0），【Second Specular Layer】第二层高光反射层的颜色设置为较浅的红色，RGB值为（181，96，96）。如图4-063所示。

图 4-063

（14）展开【Maps】贴图面板，勾选【Reflection】选项并单击后面的【None】按钮，在弹出的【Material/Map Browser】中选择【Falloff】衰减贴图，如图4-064所示。

（15）单击衰减第二通道白色色块后面的【None】按钮，选择【Raytrace】光线跟踪贴图，如图4-065所示。

图 4-064

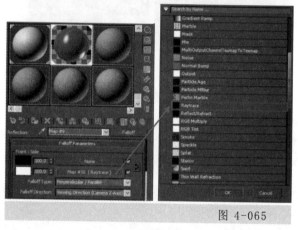

图 4-065

（16）设置橡胶垫材质，单击按钮返回上一级。因为橡胶垫材质面积比较小，所以不考虑反射，也可减少渲染时间。在基本参数设置栏中设置【Diffuse】漫反射的颜色。参数设置如图4-066所示。

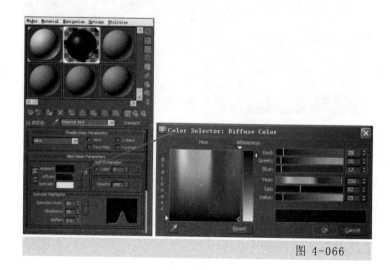

图 4-066

（17）选择场景水杯模型，进入【修改】面板，添加【Edit Poly】可编辑的多边形命令，按数字键【4】选择杯面、水杯的盖子、杯身中部、杯身底部(按Ctrl键不松可选择多个面)，指定"1"号金属材质。如图4-067所示。

图 4-067

（18）同上，选择水杯的橡胶垫部分和杯身中间的颜色，分别指定"3"号和"2"号材质，按组合键【Shift+Q】进行渲染。渲染后效果如图4-068所示。

图 4-068

（19）添加水杯标签，返回上一级，选择水杯的颜色为"2"号材质，单击【Maps】卷展栏选择【Diffuse Color】漫反射，单击【None】按钮添加一个【Mask】遮罩。如图4-069所示。

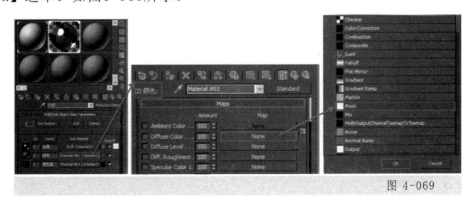

图 4-069

（20）单击该贴图【Map】通道右侧的【None】按钮，选择【Bitmap】位图，使用配套光盘提供的"标签"位图。如图4-070所示。

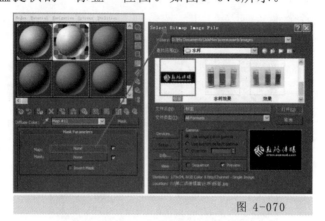

图 4-070

（21）按下按钮，在视图中显示图案。取消UV双向【平铺】参数的勾选，并且适当地调整【Offset】平铺值和【Tiling】偏移值，使得图案在水杯的正下方。如图4-071所示。

图 4-071

（22）为了只显示企业的logo和文字，黑色背景不显示，可返回上一级，拖拽鼠标并关联复制对象，测试如图4-072所示。

图 4-072

（23）按数字键【8】打开【Environment and Effects】环境窗口，在环境贴图通道上单击【None】按钮选择【Bitmap】位图，使用配套光盘提供的HDR图。如图4-073所示。

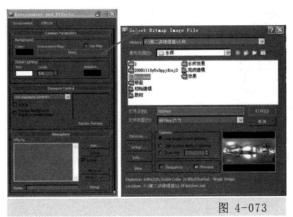

图 4-073

（24）打开材质编辑器，将【环境贴图】通道中的贴图以【关联】的方式拖拽到材质编辑器的一个空白材质球上，并将环境贴图的方式改为【Spherical Environment】球面环境，如图4-074所示。

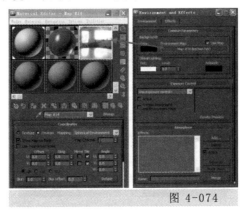

图 4-074

（25）按组合键【Shift+Q】快速测试渲染，如图4-075所示。

图 4-075

（26）进入灯光创建面板，选择【Stander】标准灯光和【Skylight】天光，在任意视图中单击创建天光，并将倍增值调为1.5。如图4-076所示。

图 4-076

（27）按住【Shift】键并配合移动工具，复制出两个水杯。在【材质编辑器】中将水杯的材质拖拽给另一个空白材质球，更改【Diffuse】和【Second Specular Layer】的颜色。其他参数设置保持不变。如图4-077所示。

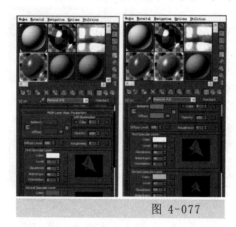

图 4-077

（28）按组合键【Shift+Q】快速测试渲染。如图4-078所示。

图 4-078

（29）按【F10】键，设置渲染输出参数，在【Raytracer】卷展栏中勾选【Fast Adaptive Antialiaser】抗锯齿选项，然后在【Common】中将输出的高度和宽度设置为1000和460，进入【Advanced Lighting】高级照明选项中，将【Rays/Sample】光线/采样值设置为1000，如图4-079所示。

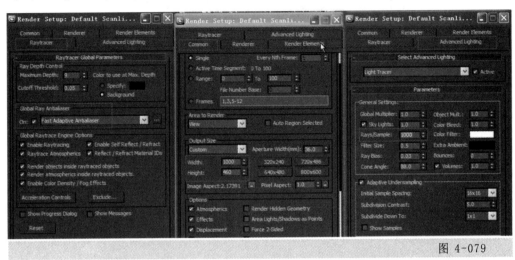

图 4-079

（30）单击【Render】渲染，最终效果如图4-080所示。

图 4-080

4.6　实例四：台球

　　本案例是二维建模、三维建模变形和材质的使用，主要介绍VRay材质和默认灯光渲染效果，如图4-081所示。

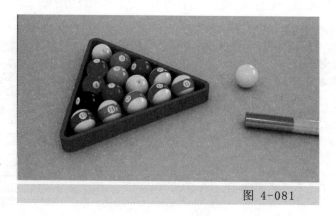

图 4-081

　　（1）启动 3ds Max软件。

　　（2）按组合键【Alt+W】最大化顶视图，在【创建】面板中选择【Line】样条线绘制三角形，按数字键【1】来调整点的位置，如图4-082所示。

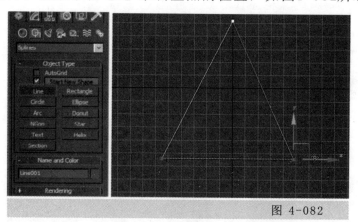

图 4-082

　　（3）选择所有的点，在【修改】面板卷栏中选择【Fillet】圆滑角命令，在节点上拖拽鼠标，此时每个选择的顶点会分离出两个点。如图4-083所示。

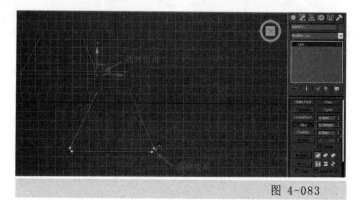

图 4-083

（4）按数字键【3】，进入样条线级别，选择【Outline】外轮廓命令，在顶视图中拖拽鼠标，此时样条线会复制出一个相同的轮廓，形成一个闭合的曲线。如图4-084所示。

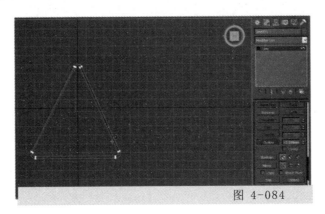

图 4-084

（5）单击 进入【修改】命令面板，在修改面板中选择【Extrude】挤出命令，在【Parameters】参数卷展栏中设置挤出的【Amount】数量为10mm。如图4-085所示。

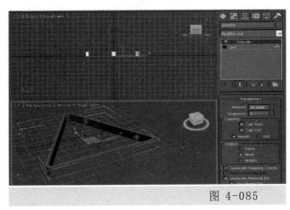

图 4-085

（6）在【创建】面板中选择【Sphere】球体命令，并在顶视图绘制球体。如图4-086所示。

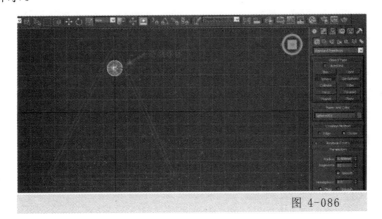

图 4-086

（7）选择场景中已绘制好的球体，按住【Shift】键并配合移动工具复制出四个台球。参数设置如图4-087所示。

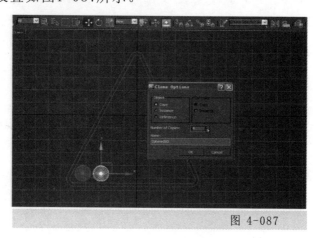

图 4-087

（8）调整球体到适当的位置，然后选择三角框，单击按钮进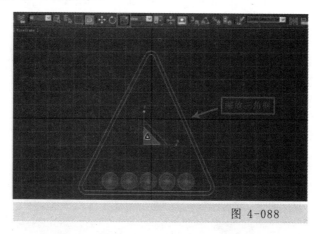行缩放，使其与球体匹配。如图4-088所示。

图 4-088

（9）选择场景中已复制的球体，按住【Shift】键并配合移动工具复制其他台球，再调整并删除多余的台球。如图4-089所示。

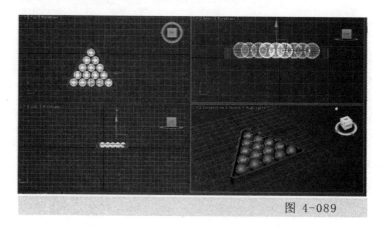

图 4-089

（10）单击创建面板，选择【Plane】平面，在顶视图中拖拽鼠标创建桌面并设置相关参数。如图4-090所示。

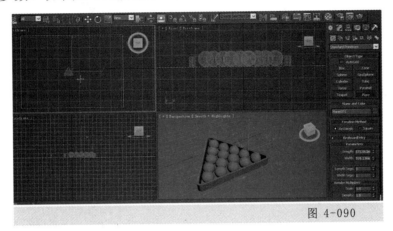

图 4-090

（11）单击 ⊛ 创建面板，然后选择【Cylinder】圆柱体，在右视图中拖拽鼠标创建圆柱体作为球杆。如图4-091所示。

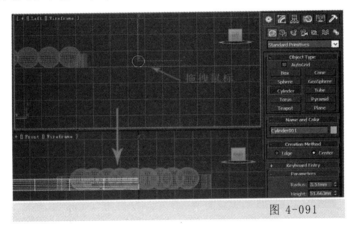

图 4-091

（12）在顶视图中选择球杆，单击鼠标右键在下拉菜单中选择【Rotate】旋转命令，并调整球杆到适当的位置。如图4-092所示。

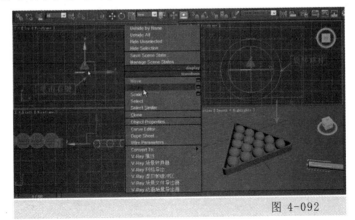

图 4-092

（13）在顶视图中选择复制好的球体，按住【Shift】键并配合移动工具再次复制出一个球体，并调整它的位置，按组合键【Shift+Q】快速测试渲染，如图4-093所示。

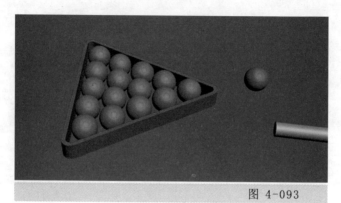

图 4-093

（14）按【M】键打开【材质编辑器】，选择一个空白的材质球，将其指定给场景中的桌面模型，单击工具栏右侧的【Standard】标准按钮，选择【VR材质】类型，如图4-094所示。

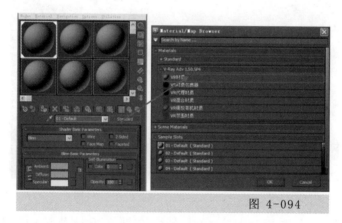

图 4-094

（15）在【基本参数】卷展栏中，单击【漫反射】后面的空白按钮，在弹出对话框中选择【Falloff】衰减贴图，如图4-095所示。

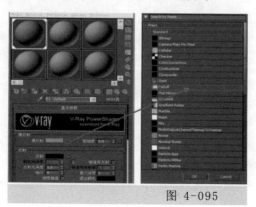

图 4-095

（16）设置【Falloff Type】衰减的类型为【Fresnel】菲涅耳。如图4-096所示。

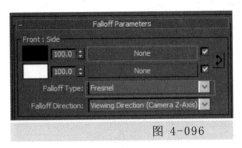

图 4-096

（17）单击黑色右侧的按钮 ▨ None ▨ ，在弹出的【材质/贴图浏览器】对话框中选择【Bitmap】位图，选择配套光盘提供的"台布"图片，如图4-097所示。

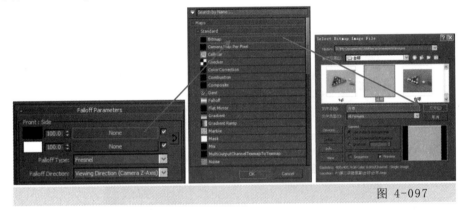

图 4-097

（18）单击材质显示按钮 ▨ 显示场景模型材质。如图4-098所示。

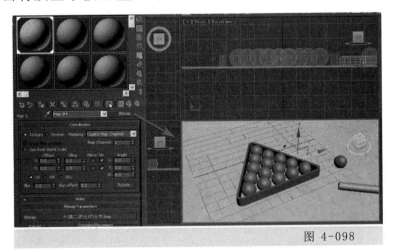

图 4-098

（19）选择一个空白的材质球，将其命名为母球并指定给场景中的球模型，单击工具栏右侧【Standard】按钮，选择【VR材质】类型。如图4-099所示。

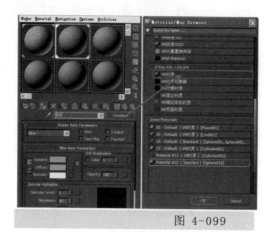

图 4-099

（20）在【基本参数】卷展栏中设置【漫反射】的颜色为白色，【反射】的颜色为灰色，然后勾选【菲涅耳反射】选项并设置参数。如图4-100所示。

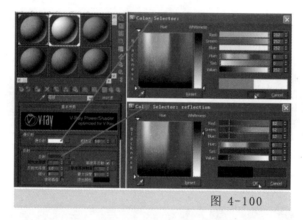

图 4-100

（21）在场景中选择一个球体(1号球)，在【材质编辑器】示例窗口中选择一个空白的材质球，将其命名为"1"并为其指定场景模型。再单击工具栏右侧【Standard】按钮，选择【VR材质】类型。如图4-101所示。

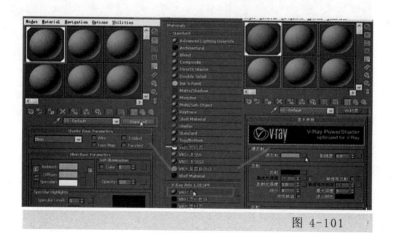

图 4-101

（22）单击【漫反射】后面的按钮■，在弹出的【材质/贴图浏览器】对话框中选择【Bitmap】位图，打开配套光盘提供的"1"号球材质并赋予场景模型。然后，调整【反射】的颜色为RGB（52，52，52）。如图4-102所示。

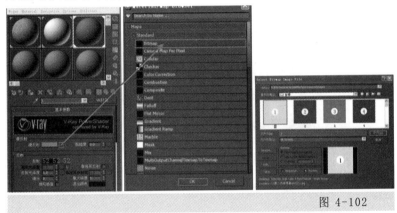

图 4-102

（23）进入【修改】控制面板，添加【UVW Mapping】贴图坐标命令并修改其参数，用旋转工具对球进行旋转将可以看到数字，如图4-103所示。

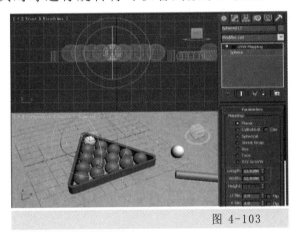

图 4-103

（24）在材质编辑器中，把"1"号球材质拖拽给另一个空白材质球。选择场景中的另一个球并赋给它，在弹出的对话中重命名为"2"号材质，如图4-104所示。

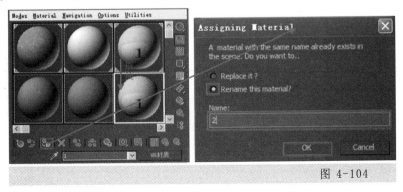

图 4-104

（25）单击【漫反射】右侧按钮 ，找到【Bitmap】单击替换"2"号球材质。进入【修改】控制面板，添加【UVW Mapping】命令并修改它的参数，同时调整它的数字位置。如图4-105所示。

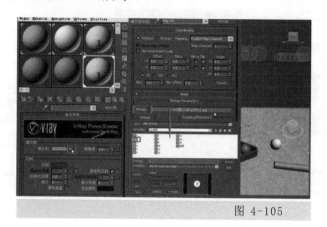

图 4-105

（26）用同样的方法指定其他台球的材质，如图4-106所示。

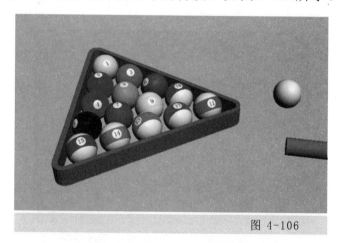

图 4-106

（27）指定球杆材质，选择一个空白的材质球。单击【Standard】按钮，选择【VR材质】类型。单击【漫反射】后面的按钮 ，在弹出的【材质/贴图浏览器】对话框中选择【Bitmap】位图，将打开配套光盘中所提供的"木纹材质"赋予球杆。然后调整【反射】的色值为RGB（40，40，40）。如图4-107所示。

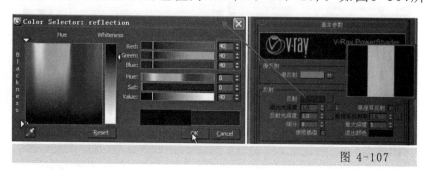

图 4-107

（28）选择场景中的球杆，按【Shift】键并配合移动工具复制一个对象，修改参数大小作为球杆的头，并调整它的位置。如图4-108所示。

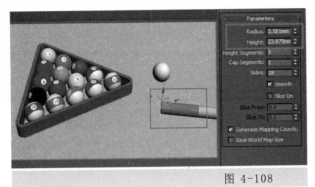

图 4-108

（29）指定球杆头的材质，打开【材质编辑器】示例窗口选择一个空白的材质球，单击【Standard】按钮，选择【VR材质】类型，将【漫反射】的色值设为RGB（74，74，74），【反射】的色值设为RGB（126，126，126），并赋给场景中的球杆头，如图4-109所示。

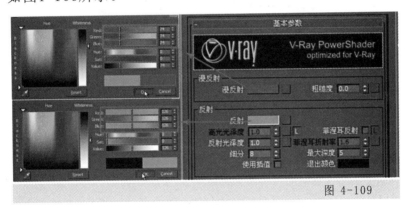

图 4-109

（30）指定三角框的材质，选择一个空白的材质球。单击【Standard】按钮，选择【VR材质】类型。单击【漫反射】后面的按钮 M，在弹出的【材质/贴图浏览器】对话框中选择【Bitmap】位图，使用配套光盘所提供的"木纹材质"。然后，调整【反射】的色值为RGB（13，13，13），如图4-110所示。

图 4-110

（31）按【F10】键进入渲染设置，选择【V-Ray】，在【V-Ray全局开关】卷栏中关闭【默认灯光】。如图4-111所示。

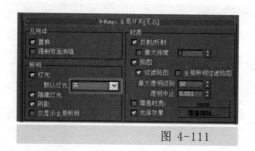

图 4-111

（32）在【V-Ray图形采样器（反锯齿）】卷栏中，选择反锯齿的类型为【自适应细分】，【抗锯齿过滤器】选择【Catmull-Rom】类型。如图4-112所示。

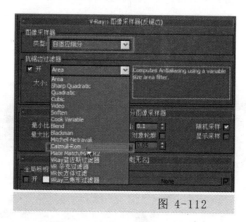

图 4-112

（33）在【V-Ray环境】卷栏中【全局照明环境(天光)覆盖】的开前打勾开启。如图4-113所示。

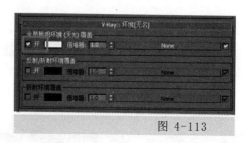

图 4-113

（34）进入【V-Ray间接照明(GI)】卷栏中，打开【V-Ray间接照明(GI)】，将【二次反弹】的【倍增值】参数设置为"0.8"。在【V-Ray发光图】卷展栏中勾选【显示计算相位】、【显示直接光】。如图4-114所示。

图 4-114

（35）在【V-Ray环境】卷展栏中，勾选【反射/折射环境覆盖】，然后单击右侧的【None】按钮选择【VRayHDRI】选项。如图4-115所示。

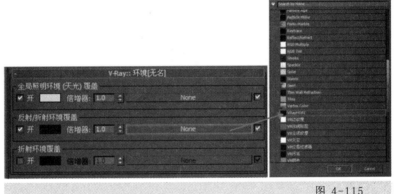

图 4-115

（36）按【M】键打开【材质编辑器】，将【VRayHDRI】按钮拖拽到【材质编辑器】中的一个空白材质球，在弹出的对话框中选择【Instance】关联复制。如图4-116所示。

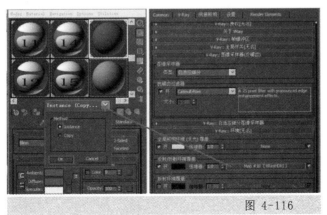

图 4-116

（37）单击【浏览】打开配套光盘提供的"hdr"图，选择"球面环境"，如图4-117所示。

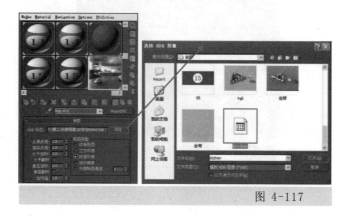

图 4-117

（38）在【V-Ray系统】卷展栏中，选择区域排序为【螺旋】，在帧标记中输入内容和渲染时间，再将VRay日志显示窗口去掉。如图4-118所示。

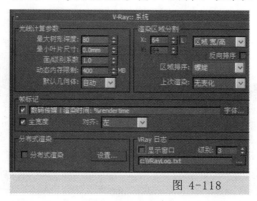

图 4-118

（39）按【Render】按钮显示渲染最终效果，如图 4-119所示。

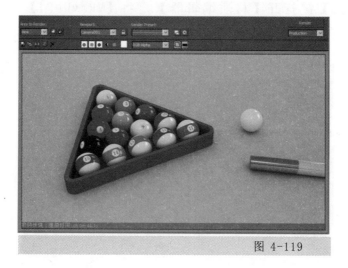

图 4-119

4.7 本章小结

前面章节讲解了建模与材质灯光的基础知识，并通过实例让读者充分了解3ds Max的使用过程。

后面章节讲解了工程案例的工作过程，AutoCAD、3ds Max和Photoshop是效果图制作领域中的"黄金搭档"，它们凭借各自的优势在效果图制作领域独挡一面，分别用来完成不同的工作。

根据室内设计的工作进程，通常将其分为四个基本阶段，即设计准备阶段、方案设计阶段、施工图设计阶段和设计实施阶段。

1. 设计准备阶段

设计准备阶段主要是接受委托任务书，签订合同，明确设计期限并制作设计计划进度，综合考虑相关专业的配合与协调。

2. 方案设计阶段

方案设计阶段是在前期准备的基础上，对有关的资料和信息进行筛选、综合分析与归纳，确定构思与立意，进行整体方案设计，提供相关的设计文件。通常包括如下内容：

（1）设计理念说明

（2）平面图

（3）室内立面展开图

（4）顶面图

（5）透视效果图

（6）室内装饰材料（如：地板、地毯、石材、窗帘、墙砖、饰面板等）

（7）工程造价概算

3. 施工图设计阶段

确定了设计方案以后，就进入了施工图设计阶段。这时需要补充施工所必需的图纸(平面布置图、立面图、顶面图等)。

4. 设计实施阶段

CHAPTER 5

第五章　现代风格客厅

学习重点

★ 设计效果

★ 创建客厅模型

★ 调整客厅空间材质

★ 创建相机视图

★ 布置空间灯光

★ 场景的输出渲染

★ 后期处理

客厅的设计是家装设计中的一个重头戏，由于它是家庭中的"公共空间"，兼有休闲、待客、娱乐等多种功能，因此，多元化的设计是必不可少的。客厅的摆设、布置留给人的印象最深，也最能体现主人的性格、品位和文化底蕴，故客厅的装饰在整套住房的装饰设计中至关重要。

由于客厅的面积大小不一，所以设计也各不相同。本章学习现代风格客厅空间的设计与表现。

5.1　创建客厅模型

在本章的案例中，我们将结合前面学习的相关内容完成客厅效果图的制作，并重点学习3ds Max的多边形建模技术、合并模型及在实际工作中VRay材质与渲染的处理等。

5.1.1　设计效果

本章我们将从两个不同的视角来展示客厅空间的设计效果，如图 5-000所示。

图 5-000

5.1.2　客厅建模

（1）启动 3ds Max软件。

（2）单击菜单【Customize】/【Units Setup】单位设置命令，设置系统单位为毫米，如图5-001所示。

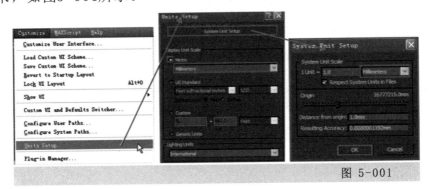

图 5-001

（3）使用菜单栏中的【File】/【Import】命令，导入本书配套光盘中的CAD图纸，弹出窗口中的参数选择默认，如图5-002所示。

图 5-002

（4）框选所有对象，使用菜单栏中的【Group】/【Group】群组命令，将图形所在坐标设置为（X：0.0mm，Y：0.0mm，Z：0.0mm），如图5-003所示。

图 5-003

提示   通过坐标的设置可以很方便地在后面调整其他模型的高度。

（5）在顶视图中按照AutoCAD平面图的位置用【Line】线条工具勾勒出墙体的内框，如图5-004所示。

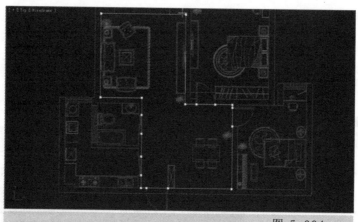

图 5-004

提示   遇到门与窗户时，只需在门的边缘处双击鼠标左键，即在门边缘处加点，但是"点"与"墙体"仍然在同一条直线上。

（6）在修改面板中添加【Extrude】命令，将【Amount】高度参数设置为3000.0mm(此参数以客厅的实际高度为准)，如图5-005所示。

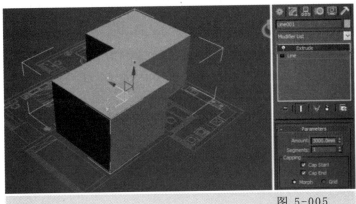

图 5-005

（7）在修改命令面板中添加【Normal】法线命令，并勾选【Flip Normals】选项将其法线翻转，结果如图5-006所示。

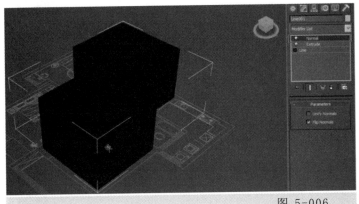

图 5-006

（8）在模型上单击鼠标右键，在弹出的快捷菜单中选择【Object Properties】对象属性命令，在弹出的对话框中勾选【Backface Cull】背面消隐复选框，如图5-007所示。

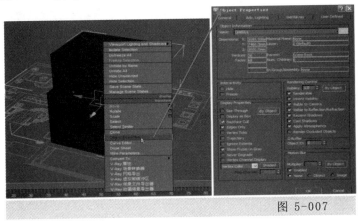

图 5-007

> **提示**　　　在对象属性对话框中设置背面消隐参数，并不影响最终渲染效果，只是在视图中不显示对象的背面，方便观察与操作。

（9）切换到【Perspective】透视图，按【F4】键切换为边面显示，选择模型后单击鼠标右键，在弹出的菜单中选择【Convert to】/【Convert to Editable Poly】，如图5-008。

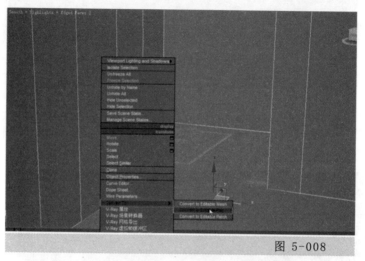

图 5-008

（10）按下数字键【2】进入边子对象层级，在透视图中选择边，在卷展栏中单击【Connect】连接按钮，设置门洞的高度，如图5-009所示。

图 5-009

（11）选择模型下方的线条，将【Z】轴坐标设置为2000.0mm（此参数以实际的门高度为准），如图5-010所示。

（12）按数字键【4】选择面子层级，再选择门洞的面，按【Delete】键将门洞删除，完成后的效果如图5-011所示。

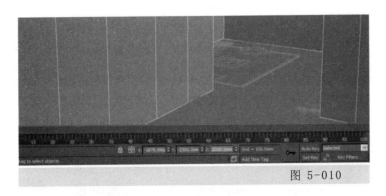

图 5-010

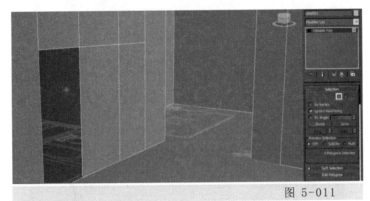

图 5-011

（13）用同样的方法，开出"入口门洞"、"卧室门洞"、"卫生间门洞"、"厨房门洞"以及通过阳台的门洞，然后将各门洞处的面删除，结果如图5-012所示。

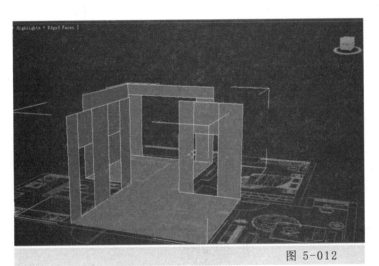

图 5-012

（14）制作阳台和窗户，选择【Line】线条工具勾勒出阳台的内框，完成后如图5-013所示。

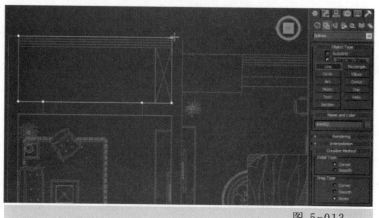

图 5-013

（15）制作阳台的方法和前面的方法相同，添加【Extrude】数量为3000.0 mm，添加法线【Normal】命令，设置背面消隐。效果如图5-014所示。

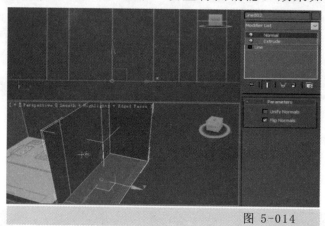

图 5-014

（16）用前面的方法开出"阳台门洞"，然后将门洞处的面删除，选择卷展栏中的【Attach】结合按钮，设置颜色为白色，如图5-015所示。

图 5-015

（17）按数字键【2】选择相邻的两条线，在卷展栏中单击【Bridge】桥接按钮，通过桥接的方法将其连接在一起，如图5-016所示。

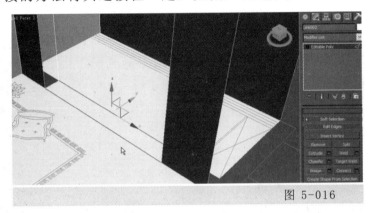

图 5-016

（18）使用同样的方法桥接其它面，再通过前面学习的方法制作出窗洞，如图5-017所示。

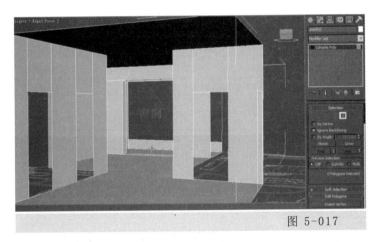

图 5-017

（19）在图形创建命令面板中单击【Line】线按钮，再在前视图中沿着门洞绘制一条路径，如图5-018所示。

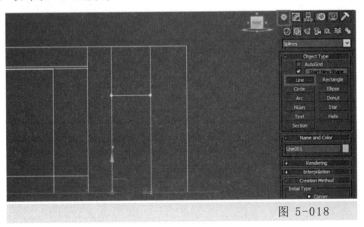

图 5-018

（20）制作门套。在图形创建命令面板中单击【Rectangle】矩形按钮，再在前视图中拖拽绘制矩形。单击鼠标右键转换为样条曲线编辑，调整截面形状，如图5-019所示。

图 5-019

提示　转换为可编辑的样条曲线后，可选择点、段、线来调整其形状。

（21）选择绘制好的路径，在修改面板添加【Bevel Profile】倒角轮廓命令，拾取截面图形，如图5-020所示。

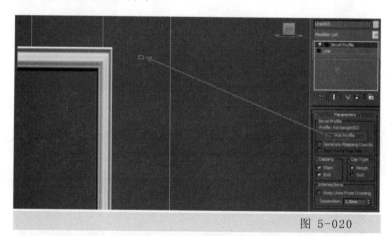

图 5-020

提示　门套花纹由截面图形决定，选择截面图形调整其造型，门套的花纹造型也将跟随截面图形的调整而随之改变。

（22）在顶视图中调整门套的位置。单击鼠标右键选择【Convert to】/【Convert to Editable Poly】（可编辑的多边形），如图5-021所示。

（23）按数字键【1】选择节点，将不需要的节点删除，再选择两节点并移动位置，如图5-022所示。

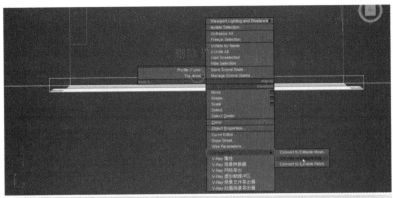

图 5-021

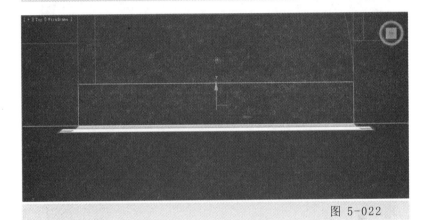

图 5-022

（24）按组合键【Shift+Q】快速渲染，其效果如图5-023所示。

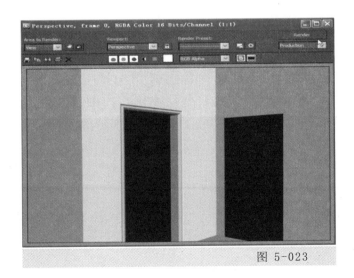

图 5-023

（25）制作门板。在图形创建命令面板中单击【Plane】平面按钮，在前视图中拖拽绘制平面，如图5-024所示。

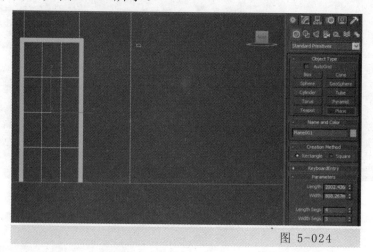

图 5-024

（26）按组合键【Alt+Q】进入孤立模式，按鼠标右键选择【Editable Poly】可编辑的网格选项，按数字键【2】选择线移动位置，如图5-025所示。

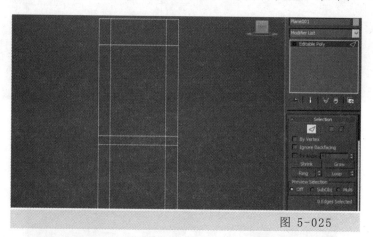

图 5-025

（27）按数字键【2】进入边子对象层级，选择相邻两条边，在卷展栏中单击【Connect】连接按钮添加一条线，移动位置，如图5-026所示。

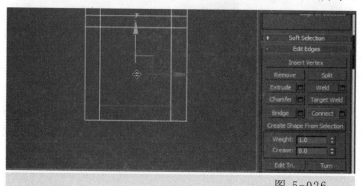

图 5-026

（28）按数字键【4】选择面（按【Ctrl】键不松可选择多个面），单击鼠标右键选择倒角设置，如图5-027所示。

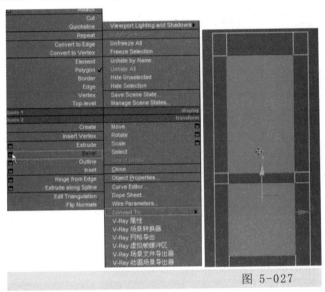

图 5-027

（29）设置倒角参数两次，如图5-028所示。

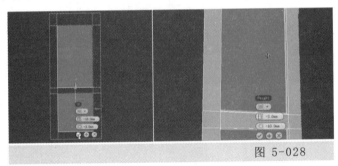

图 5-028

（30）通过调整参数，设置造型，得到最后效果，如图5-029所示。

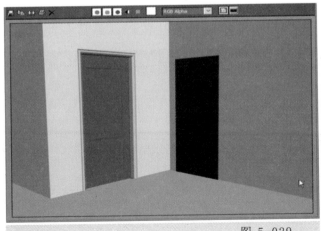

图 5-029

（31）制作把手。在图形创建命令面板中选择【Extended Primitives】扩展几何图形，在前视图中拖拽绘制倒角立方体，如图5-030所示。

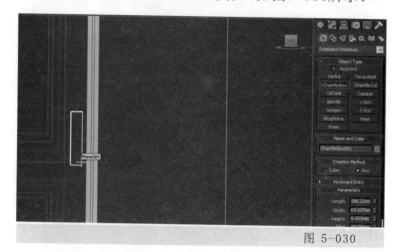

图 5-030

（32）单击修改面板设置其参数，并将其移动到合适的位置，如图5-031所示。

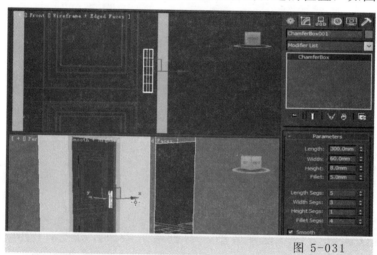

图 5-031

（33）在前视图中拖拽绘制倒角圆柱体，设置其参数，如图5-032所示。

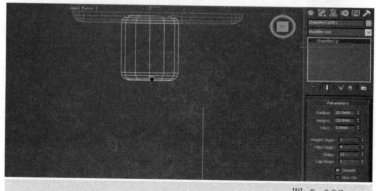

图 5-032

（34）按住【Shift】键不松，移动并复制一个对象，其参数设置如图 5-033 所示。

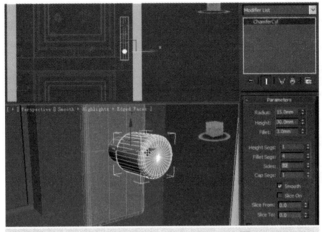

图 5-033

（35）再次在前视图中拖拽并绘制倒角圆柱体，其参数设置如图5-034所示。

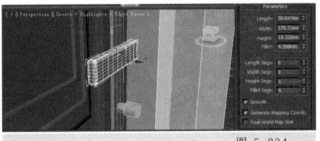

图 5-034

（36）在修改面板中添加【FFD 3×3×3】或【FFD 4×4×4】变形命令，选择控制点来调整节点以改变其形状，如图5-035所示。

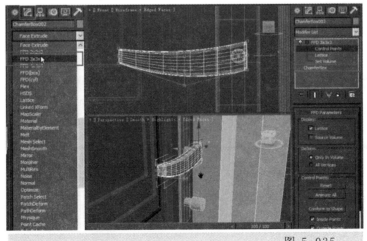

图 5-035

（37）用复制的方法调整好门的位置，如图5-036所示。

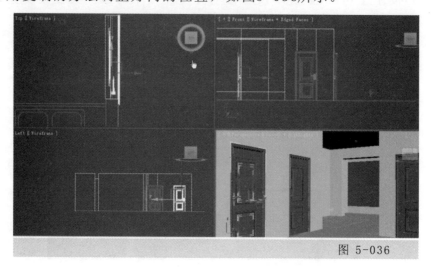

图 5-036

（38）制作客厅到阳台之间的门套,其方法和前面制作门套的方法相同。再次用二维线制作窗套，在前视图中绘制矩形，如图5-037所示。

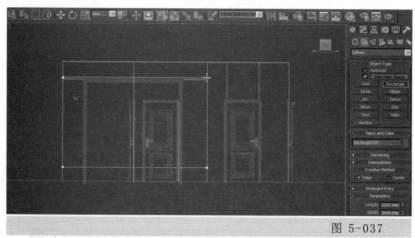

图 5-037

（39）在修改面板中添加【Edit Spline】样条曲线命令，按数字键【3】选择样条线，在【Outline】外轮廓选项中输入40,如图5-038所示。

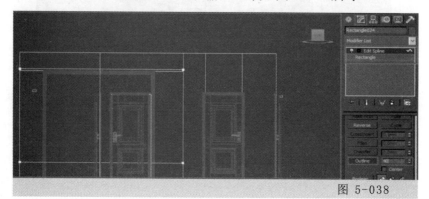

图 5-038

（40）添加【Extrude】挤出命令，进入边子对象层级【Amount】并输入挤出数量为65.0mm，如图5-039所示。

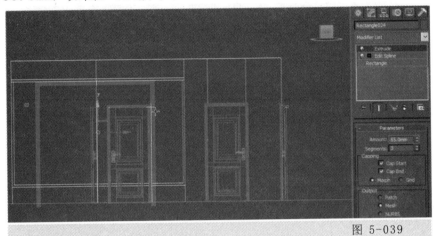

图 5-039

（41）按【Alt+Q】键选择孤立模式，设置【2.5】捕捉选项后绘制矩形，如图5-040所示。

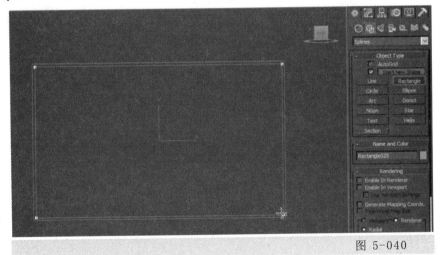

图 5-040

（42）用同样的方法加入【Edit Spline】，设置外轮廓为20mm，按下数字键【2】进入边子对象层级，按【Shift】键移动并复制多个线条，如图5-041所示。

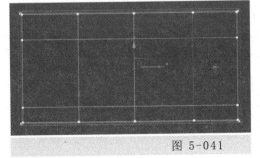

图 5-041

（43）按数字键【3】选择线条，进入线子对象层级，设置【Outline】外轮廓值为20，如图5-042所示。

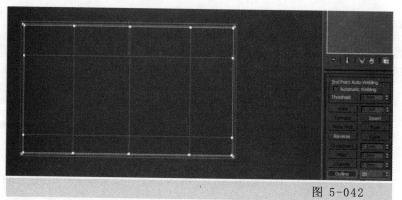

图 5-042

（44）在修改面板中添加【Extrude】挤出命令，进入线子对象层级【Amount】并输入挤出数量为30.0mm，效果图如图5-043所示。

图 5-043

（45）踢脚线的制作。选择墙体，按【Alt+Q】键选择孤立模式，再按数字键【2】在左视图中选择相关线条，进入边子对象层级，单击【Slice Plane】，在状态栏中设置高度值为55mm，然后单击【Slice】，如图5-044所示。

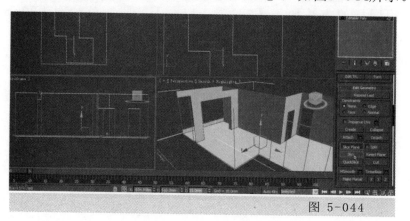

图 5-044

（46）按数字键【4】选择面，进入面子对象层级，单击【Detach】分离按钮，如图5-045所示。

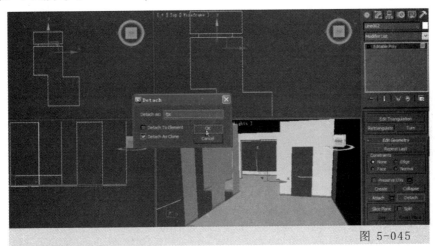

图 5-045

（47）选择踢脚线，添加【Shell】壳命令，增加踢脚线的厚度并设置参数，如图5-046所示。

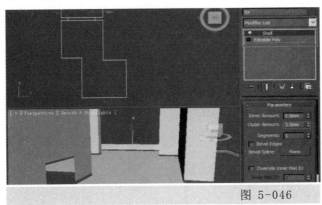

图 5-046

（48）按【Alt】键并使用鼠标中间键调整角度，按组合键【Shift+Q】测试效果，如图5-047所示。

图 5-047

5.2 创建客厅吊顶

客厅吊顶的制作比较简单，只要依据CAD图形绘制出一个吊顶轮廓，使用挤出命令生成三维造型即可。

（1）在图形创建命令面板中选择【Line】命令，在顶视图中参照图纸绘制二维线形，如图5-048所示。

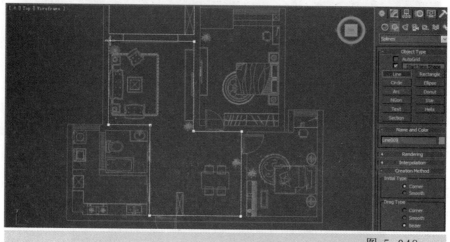

图 5-048

（2）取消【Start New Shape】开启新图形选项前面的对钩，在顶视图中绘制矩形，并设置其参数大小，如图5-049所示。

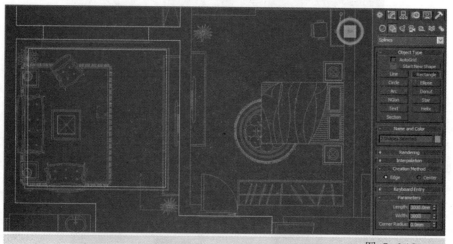

图 5-049

> **提示** 若不勾选开启新图形选项，则绘制的图形为同一对象，这样便于使用后面的挤出命令。

（3）用同样的方法，绘制餐厅和筒灯的位置，并添加【Extrude】挤出命令，如图5-050所示。

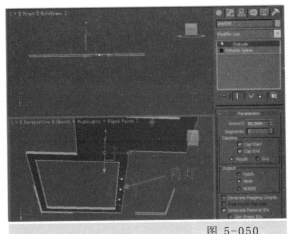

图 5-050

（4）在图形创建命令面板中选择【Line】线命令，再在前视图中绘制二维线形，并添加【Lathe】旋转命令制作灯罩，如图5-051所示。

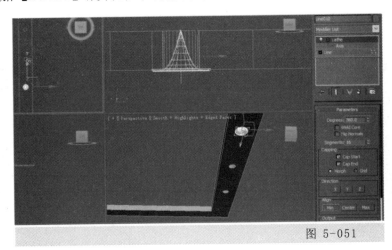

图 5-051

（5）选择灯罩，按【Shift】键并移动对象进行关联复制，再按组合键【Shift+Q】快速测试，如图5-052所示。

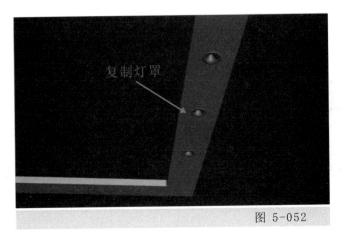

图 5-052

（6）制作灯带槽的方法。选择吊顶对象并单击鼠标右键选择【Convert to Editable Poly】可编辑的多边形选项，再按数字【4】选择顶面删除，如图5-053所示。

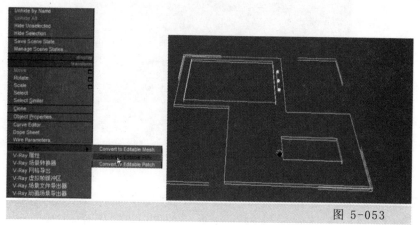

图 5-053

（7）按数字键【2】选择线，在子层级中选择【Extrude】挤出设置参数按钮 Extrude ，设置灯槽的深度为200.0mm，如图5-054所示。

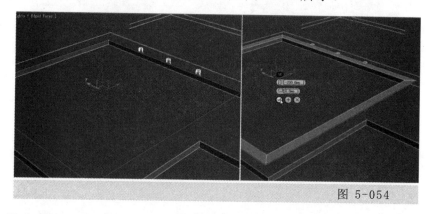

图 5-054

（8）单击挤出设置按钮，设置灯槽的高度为120.0mm，再单击【Cap】封盖命令，如图5-055所示。

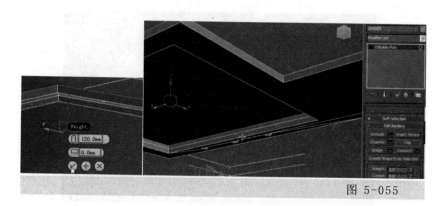

图 5-055

（9）用同样的方法制作出其他的吊顶造型，按组合键【Shift+Q】测试效果，如图5-056所示。

图 5-056

5.3　合并家具模型

效果图的家具样式和尺寸直接影响我们的空间感受。现代风格家具造型简单，质感轻，小巧精致，比较适合空间装饰。下面通过合并线框的方法完成模型的创建。

（1）单击菜单栏中的【File】/【Import】/【Merge】命令，在弹出的对话框中选择配套光盘提供的模型文件，如图5-057所示。

图 5-057

（2）将选择的造型合并到场景中，调整其位置，并使用同样的方法把其他模型合并到场景中，如图5-058所示。

 提示　　本例中要合并的模型都经过了预处理，其大小、位置几乎不需要调整，而在实际工作中，合并的模型不可能恰好合适，需要进行缩放、移动等操作。

图 5-058

5.4 创建相机视图

效果图的角度是视觉的重要组成部分，在3ds Max软件里角度是通过创建相机来实现的。下面通过创建相机调整合适的角度。

（1）在相机创建命令面板中单击目标相机按钮，在顶视图中创建一架相机，如图5-059所示。

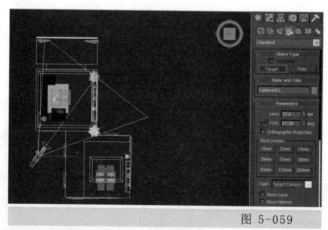

图 5-059

（2）切换到【Fort】视图，调整相机的高度，如图5-060所示。

图 5-060

（3）按【C】键进入摄像机视图，对视角进行检查，看是否存在问题，如图5-061所示。

图 5-061

（4）经过测试发现相机被墙挡住，切换到【Top】顶视图对摄像机进行剪切设置，勾选【Clip Manually】手动剪切选项并设置其参数，如图5-062所示。

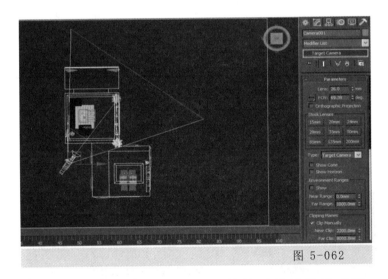

图 5-062

（5）再次切换到摄像机视图进行测试，其效果就比较满意了。

（6）用同样的方法设置多个相机，可渲染出不同角度的效果图，方便客户观察和浏览。

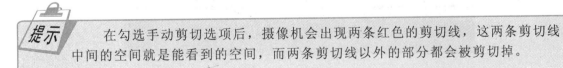

提示　　在勾选手动剪切选项后，摄像机会出现两条红色的剪切线，这两条剪切线中间的空间就是能看到的空间，而两条剪切线以外的部分都会被剪切掉。

5.5　检查模型是否漏光

（1）隐藏窗帘等防碍进光的物体。按【M】键打开【材质编辑器】，设置为VRay材质，选择样本球，设置颜色为RGB(230 230 230)，按【F10】键打开渲染面板，将设置材质球拖拽到【覆盖材质】选项后面的空白按钮上，如图5-063所示。

图 5-063

> **提示**　　当勾选【覆盖材质】选项后，其右边的空白按钮将被激活，此时可以将材质复制到空白按钮上，这样模型中的所有材质都会被替换成该材质。当取消勾选后，模型将恢复到以前的材质，这样就不会影响到模型中的其他材质，也可以很方便地对模型进行测试。

（2）在【Top】顶视图中创建一个球体光，并调整它的位置及球体光的参数设置，如图5-064所示。

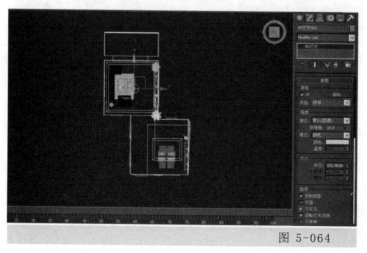

图 5-064

（3）打开【V-Ray间接照明(GI)】卷展栏，勾选【开】选项，设置【首次反弹】引擎为【发光图】，【二次反弹】引擎为【灯光缓存】，如图5-065所示。

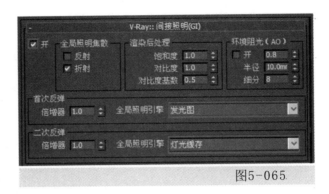

图5-065

（4）设置【V-Ray发光图】的参数，如图5-066所示。

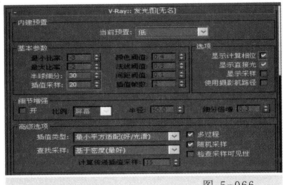

图 5-066

（5）设置【V-Ray灯光缓存】的参数，如图5-067所示。

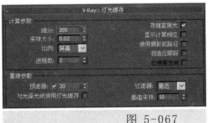

图 5-067

（6）设置【V-Ray确定性蒙特卡洛采样器】，参数设置如图5-068所示。

图 5-068

（7）调整到摄像机视图，然后进行测试渲染，经测试后并没有发现模型存在漏光现象，如图5-069所示。

图 5-069

5.6 材质的设置

材质的设置顺序一般是从大面积材质到细节材质，这样可以尽量避免出现遗漏现象。

本例的材质可以分为基础材质、家具材质和装饰材质三部分，这里重点讲解乳胶漆材质、地面材质、白色混水漆材质、不锈钢材质、磨砂玻璃材质、木纹材质、窗帘材质、水晶材质、地毯材质等。为了方便读者观察材质设置，笔者在这里制作了一张材质ID图，如图5-070所示。对于其他材质，只做简单介绍，读者可以打开配套光盘的视频教程进行学习。

图 5-070

5.6.1 乳胶漆材质

（1）按【M】键打开【材质编辑器】对话框，选择一个空白材质球，将其命名为"乳胶漆"，单击【Standard】按钮在弹出的对话框中选择【VR材质】，如图5-071所示。

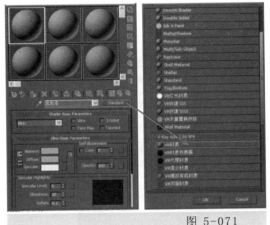

图 5-071

（2）在【基本参数】卷展栏中设置【漫反射】颜色为RGB（250，250，250），即乳胶漆颜色，【反射】的颜色为RGB（23,23,23），关闭【跟踪反射】选项，如图5-072所示。

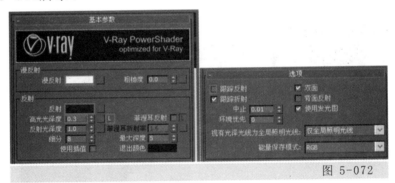

图 5-072

（3）单击工具行中的指定按钮 ，将其赋予场景中的主墙体及吊顶。

5.6.2　地面材质

（1）选择一个空白球，将其命名为"地面"，并指定【VR材质】类型。再单击【漫反射】右侧的空白按钮，在弹出的对话框中双击【Bitmap】位图，指定配套光盘贴图，反射通道里添加一个【Falloff】衰减贴图，设置参数如图5-073所示。

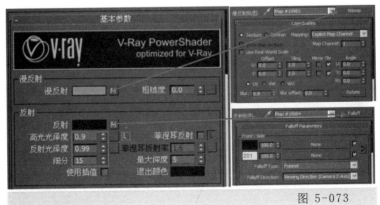

图 5-073

（2）展开【贴图】卷展栏，将漫反射的贴图以实例方式复制到凹凸贴图通道中，如图5-074所示。

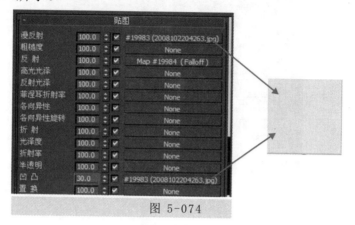

图 5-074

（3）单击工具行中的指定按钮，将其赋予场景中的地面，在修改面板中为地面添加【UVW Mapping】贴图坐标，如图5-075所示。

图 5-075

5.6.3　白色混水漆材质

选择一个空白材质球，将其命名为"混水漆"，并将其指定为【VR材质】类型。在【基本参数】卷展栏中设置【漫反射】颜色，在反射通道里添加一个【Falloff】衰减贴图，并设置参数，如图5-076所示。

图 5-076

5.6.4　不锈钢材质

选择一个空白材质球，将其命名为"不锈钢"，并指定【VR材质】类型。在【基本参数】卷展栏中设置【漫反射】颜色、【反射】颜色的参数，如图5-077所示。

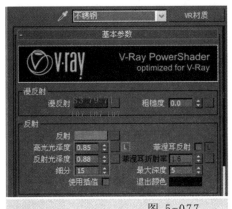

图 5-077

5.6.5　磨砂玻璃材质

选择一个空白材质球，将其命名为"磨砂玻璃"，并指定【VR材质】类型。在基本参数卷展栏中设置【漫反射】颜色、【反射】颜色和【折射】颜色的参数，如图5-078 所示。

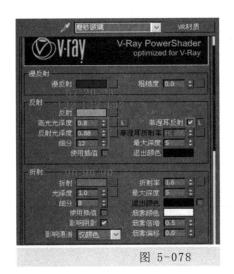

图 5-078

5.6.6　木纹材质

（1）选择一个空白球，将其命名为"木纹"，并指定【VR材质】类型。单击【漫反射】右侧的空白按钮，在弹出的对话框中双击【Bitmap】位图，指定配套光盘的贴图，设置【反射】颜色参数，如图5-079所示。

（2）展开【贴图】卷展栏，将漫反射的贴图以实例方式复制到凹凸贴图通道中，如图5-080所示。

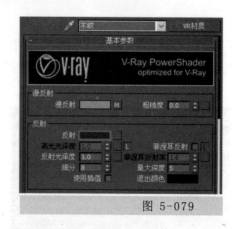

图 5-079

图 5-080

5.6.7 窗帘材质

选择一个空白球，将其命名为"窗帘"，并指定【VR材质】类型。单击【漫反射】右侧的空白按钮，添加一个【Falloff】衰减贴图，再单击【折射】右侧的空白按钮，添加一个【Falloff】衰减贴图并设置其参数，如图5-081所示。

图 5-081

5.6.8　水晶材质

选择一个空白球，将其命名为"水晶"，并指定【VR材质】类型。设置【漫反射】颜色、【折射】颜色的参数，如图5-082所示。

图 5-082

5.6.9　地毯材质

（1）选择地毯模型，在几何体创建命令面板中选择【VR毛发】选项，并设置其参数，如图5-083所示。

图 5-083

（2）选择一个空白球，将其命名为"地毯"，并指定【VR材质】类型。在【基本参数】卷展栏中设置【漫反射】颜色，如图5-084所示。

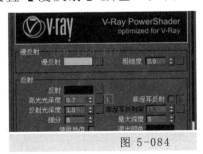

图 5-084

提示 下面是经常遇见的一些物质的折射率，读者在做图时可以作为参考，也可以根据不同的需要来变通处理。

物质折射率

材质	IOR值（折射率）
空气	1.0003
海水	1.200
冰	1.333
水（物理学常温20℃以下）	1.380
30%糖溶液	1.329
酒精	1.460
热熔的石英	1.517
玻璃	1.530
氯化钠	1.570
翡翠	1.610
黄晶二碘甲烷	1.740
红宝石	1.770
蓝宝石	1.770
水晶	2.000
钻石	1.417

5.7 灯光设置

灯光可以用来表现空间的效果。本例将结合VRay灯光与光度学灯光来表现空间效果，首先创建VRay灯光表现主体照明，然后使用光度学灯光表现筒灯的效果。

5.7.1 测试设置

（1）按【F10】键打开渲染设置，测试图像大小，如图5-085所示。

图 5-085

（2）关闭【默认灯光】和【光泽效果】，以节省测试时间，如图5-086所示。

图 5-086

（3）在【V-Ray图像采样器(反锯齿)】卷展栏中，设置采样方式为【固定】，【细分值】为1，同时关闭【抗锯齿过滤器】选项，以提高渲染速度，如图5-087所示。

图 5-087

（4）打开【V-Ray间接照明(GI)】卷展栏，勾选【开】选项，设置【首次反弹】引擎为【发光图】，设置【二次反弹】引擎为【灯光缓存】，如图 5-088所示。

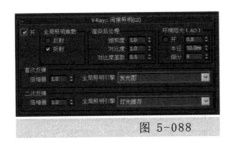

图 5-088

（5）设置【V-Ray发光图】参数，【当前预置】为【非常低】，【半球细分】为30，其参数设置如图5-089所示。

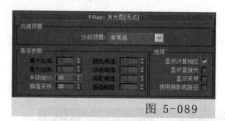

图 5-089

（6）设置灯光缓存参数，如图5-090所示。

图 5-090

5.7.2 主光源

在设置主光源时，可将光源分为"主光源"和"辅助光源"，主光源用来控制图面的大效果，而辅助光源则是为了控制图面的层次感。

（1）在灯光创建命令面板下拉列表中选择【VRay】灯光选项，在前视图的窗口位置拖拽鼠标以创建VR灯光，如图5-091所示。

图 5-091

> **提示** 在测试前隐藏毛发，会大幅度提高模型的渲染速度，可到最后渲染效果图时再显示所有对象。

（2）按【F9】键进行第一次测试渲染时，光线会出现过多的噪波，可选择面光源在灯光中排除"窗帘"物体，如图5-092所示。

（3）此时感觉画面还是偏暗，但图中的亮度已经足够，这是由于使用的是线性曝光。如果继续增加面光源的强度，则会使进光口处产生曝光，这时可以按

【F10】键设置曝光参数，如图5-093所示。

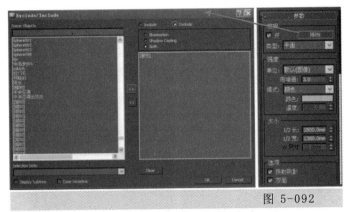

图 5-092

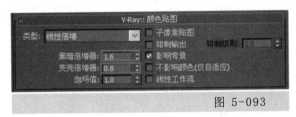

图 5-093

（4）经过【变亮倍增器】和【黑暗倍增器】的设置，测试效果如图5-094所示。

图 5-094

（5）为了得到更好的层次，可创建一个天光，按数字键【8】打开环境，设置天光参数，如图5-095所示。

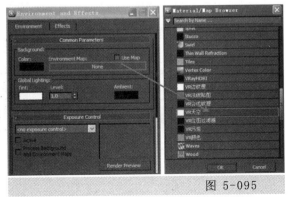

图 5-095

（6）将环境面板中的VR天空复制到材质球中，然后设置【V-Ray天空参数】，如图5-096所示。

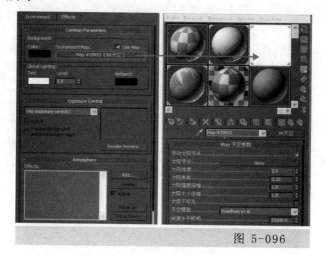

图 5-096

（7）将设置好的天空光材质关联复制到环境面板中，如图5-097所示。

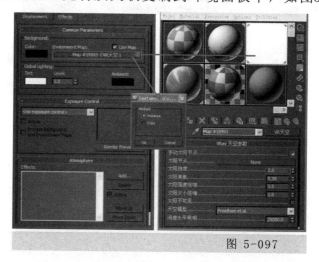

图 5-097

（8）进入摄像机视图，按组合键【Shift+Q】进行测试渲染，如图5-098所示。

图 5-098

5.7.3　辅助光源

（1）设置模拟筒灯效果的灯光为【Target Light】光度学灯光，在左视图中拖拽鼠标创建灯光，并将其在顶视图中移动到筒灯位置，如图5-099所示。

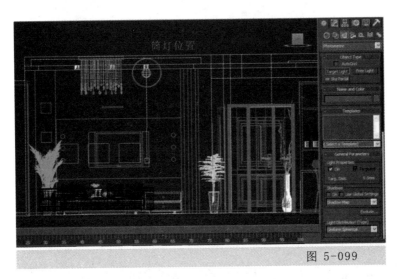

图 5-099

（2）3ds Max中的【Target Light】按钮可以设置光域网。打开配套光盘提供的光域网文件，如图5-100所示。

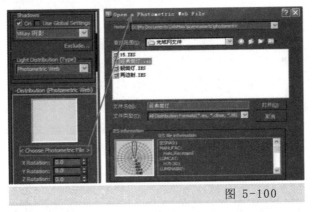

图 5-100

（3）设置发光强度、颜色和数值大小，测试效果如图5-101所示。

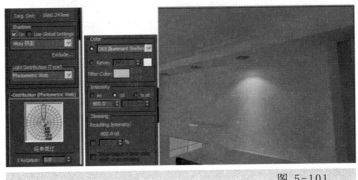

图 5-101

（4）将上述灯光关联复制几盏并放置在沙发背面、墙面及摄像机背面以增加层次感，如图5-102所示。

图 5-102

（5）在前视图中创建面光源，用来模拟灯带效果。在左视图中设置面光源的照射方向和设置灯光位置及参数，如图5-103所示。

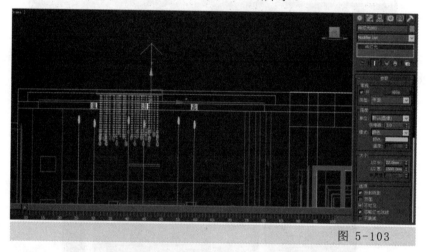

图 5-103

（6）在顶视图中关联复制3个面光源，将其放置在灯槽内，如图5-104所示。

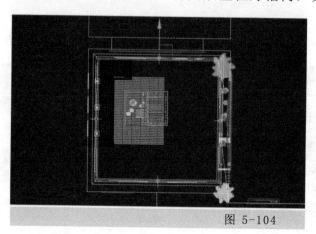

图 5-104

（7）设置一个由顶面向下照明的面光源作为过渡光源，用前面的方法排除顶灯所产生的阴影，灯光在视图中的参数设置如图5-105所示。

图 5-105

（8）用同样的方法设置其他灯光，测试效果如图5-106所示。

图 5-106

提示　　为了让读者学习灯带的制作方法，白天效果图可以不加灯带。对于效果图的角度，读者可以设置多个相机进行测试渲染，从而达到理想的视觉效果。

5.8　渲染出图

（1）设置渲染图像的大小、宽度和高度如图5-107所示。

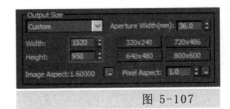

图 5-107

（2）设置【V-Ray全局开关】和【V-Ray图像采样器(反锯齿)】的参数，将【二次光线偏移】设为0.001，防止有重面的地方出现错误，其他参数设置如图5-108所示。

图 5-108

（3）设置【V-Ray间接照明(GI)】和【V-Ray发光图】的参数，【半球细分】参数为60，【插值采样】参数为25，一般不要超过30，否则图面会感觉很飘。操作界面如图5-109所示。

图 5-109

（4）【V-Ray灯光缓存】参数设置如图5-110所示。

图 5-110

（5）为了得到质量比较高的画面效果，可以把【V-Ray确定性蒙特卡洛采样器】中的参数设置得高一些，如图5-111所示。

图 5-111

（6）在【Render Elements】面板中单击【Add...】增加按钮，在弹出对话框中添加【VRay 渲染ID】命令，同时渲染一张彩色通道图，如图5-112所示。

图 5-112

（7）其他参数保持默认即可，经过2～3小时的渲染，得到两张最终效果图如图5-113所示。

图 5-113

5.9　Photoshop 后期处理

为了进一步提高效果图的品质，我们将使用Photoshop对渲染输出的效果图进行色彩处理，调整图像的亮度、对比度、并进行锐化处理。

（1）启动Photoshop软件，使用菜单栏中的【文件】/【打开】命令，打开渲染效果图文件和彩色通道图，如图5-114所示。

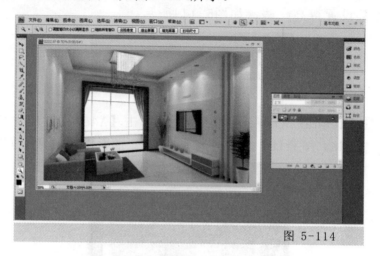

图 5-114

（2）双击背景层为图层0，按组合键【Ctrl+J】复制图层，将彩色通道图拖拽到图层中，并将其放置在需要设置的图层下面，如图5-115所示。

图 5-115

（3）按组合键【Ctrl+M】打开【曲线】对话框，如图5-116所示。

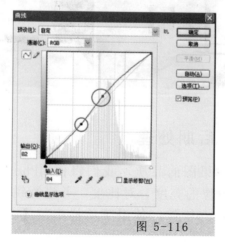

图 5-116

（4）选择彩色通道图层，使用【魔棒】工具选择图中的地毯，选择图层0副本，然后按组合键【Ctrl+J】复制新图层，如图5-117所示。

图 5-117

（5）选择图层2，按组合键【Ctrl+U】打开【色相/饱和度】对话框，调整地毯的饱和度参数设置如图5-118所示。

图 5-118

（6）按组合键【Ctrl+E】向下合并图层，单击图层面板下方的按钮 ，在弹出的菜单中选择【照片滤镜】命令，调整面板中的参数，如图5-119所示。

图 5-119

153

（7）再次单击图层面板下方的按钮 ，在弹出的菜单中选择【自然饱和度】命令，并调整面板中参数，如图5-120所示。

图 5-120

（8）按组合键【Ctrl+Shift+Alt+E】，盖印图层得到图层2，单击【滤镜】/【其他】/【高反差保留】命令，在弹出的对话框中设置参数。如图5-121所示。

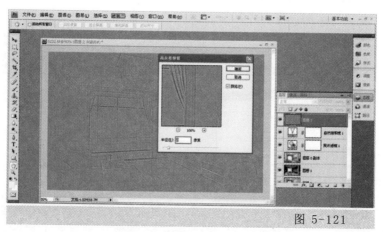

图 5-121

（9）在【图层】面板中设置图层2的混合模式为【叠加】，从而锐化图像，最终效果如图5-122所示。

图 5-122

5.10 本章小结

　　本章主要讲解了一个现代客厅空间的表现方法，从CAD平面图纸到3ds Max建模，主要采用了VRay渲染器的基本材质和灯光的布局方法及Photoshop后期颜色处理得到最后的作品。

CHAPTER 6

第六章　豪华欧式卧室

学习重点

★设计效果

★打开模型

★创建相机视图

★调整客厅空间材质

★布置空间灯光

★场景的输出渲染

★后期处理

　　本案例将为大家讲解欧式风格卧室的空间表现，重点学习材质的赋予以及灯光的布置，最终制作出温馨浪漫的欧式场景效果。另外，本章还详细分析了模型、材质、灯光、渲染设置对渲染速度的影响，这也是本节的一个重点学习内容，希望这些内容能够对读者有所帮助。

6.1　场景摄像机的位置

　　本章案例最终效果如图6-000所示。

图 6-000

　　（1）启动 3ds Max软件，打开配套光盘提供的欧式卧室模型，这是一个古典的欧式卧室空间，模型的创建在这里不做讲解。模型的各角度观察图形如图6-001所示。

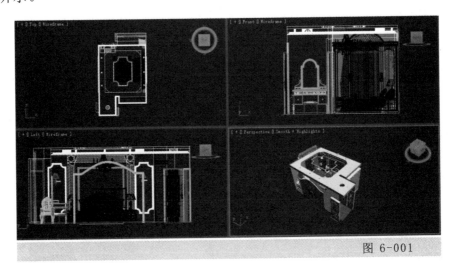

图 6-001

　　（2）选择【Top】顶视图，在创建面板中选择目标摄像机，在视图中拖拽鼠标创建一个目标摄像机，调整其位置，如图6-002所示。

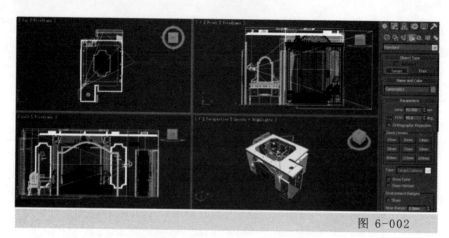

图 6-002

（3）根据画面的需要，设置摄像机的【Lens】镜头为20mm，其它参数默认即可，如图6-003所示。

图 6-003

（4）确定摄像机镜头大小后，按【C】键切换到摄像机视图，如图 6-004所示。

图 6-004

（5）按【F10】键打开渲染面板，设置一个合适的观察角度尺寸，并锁定比例，如图6-005所示。

图 6-005

（6）回到摄像机视图，按组合键【Shift+F】打开安全框，此时观察到的图像范围就是最终渲染的范围，如图6-006所示。

图 6-006

6.2　模型的检查

（1）隐藏窗帘等妨碍进光的物体，然后在材质球中制作一个灰度的VRay材质，按【F10】键打开渲染面板，将设置材质拖拽到覆盖材质后面的【None】按钮中，选择关联复制，如图6-007所示。

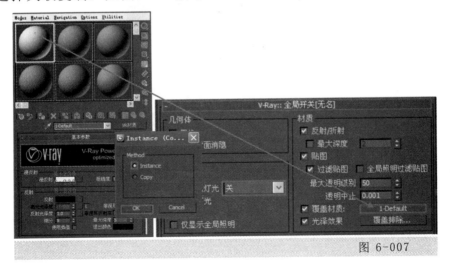

图 6-007

（2）展开【V-Ray间接照明（GI）】卷展栏，勾选【开】选项，选择【二次反弹】引擎为【灯光缓存】如图6-008所示。

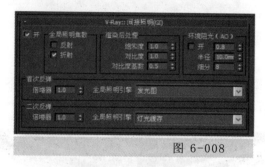

图 6-008

（3）展开【V-Ray发光图】卷展栏，参数设置如图6-009所示。

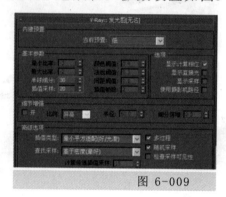

图 6-009

（4）展开【V-Ray灯光缓存】卷展栏，由于球体光会产生较大的噪波，因此设置【预滤器】为20，如图6-010所示。

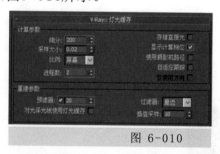

图 6-010

（5）展开【V-Ray确定性蒙特卡洛采样器】，其参数设置如图6-011所示。

图 6-011

（6）测试渲染设置完毕后，创建一个球体光对模型进行测试，在【Top】顶视图中调整球体光的位置，如图6-012所示。

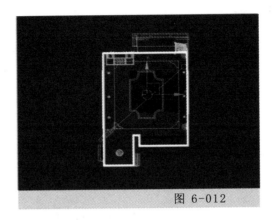

图 6-012

（7）将灯光色彩设置为浅蓝色，参数设置如图6-013所示。

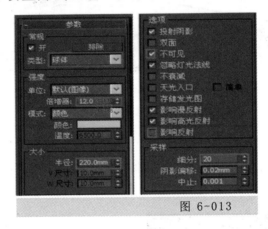

图 6-013

（8）再调整到摄像机视图进行测试渲染，测试效果如图6-014所示。

图 6-014

　　观察测试效果，如果没有发现模型出现漏光现象，接下来就可以对场景中的模型赋予材质了。

6.3 材质的设定

　　笔者制作了一张材质的ID图，方便大家对应观察不同材质的设置方法，如图6-015所示。

图 6-015

6.3.1 地面材质

　　（1）选择一个空白球，命名为"地面"，将其指定【VR材质】类型，再单击漫反射右侧空白按钮，在弹出的对话框中双击【Bitmap】位图，指定配套光盘贴图，在反射通道里添加一个【Falloff】衰减贴图，参数设置如图6-016所示。

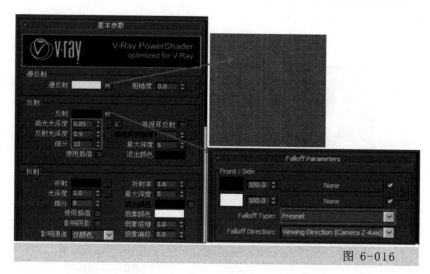

图 6-016

　　（2）为了加强地面的凹凸感，在【Bump】中设置一个【凹凸】贴图，如图6-017所示。

　　（3）将材质赋予给场景中的地面模型，并为其材质指定一个合适的【UVW Map】贴图坐标命令，参数设置如图6-018所示。

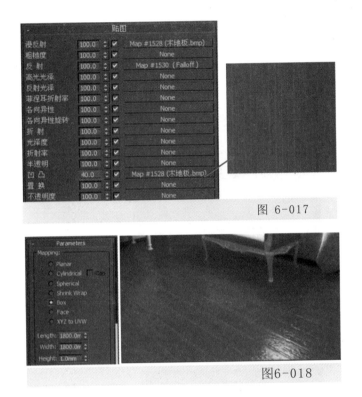

图 6-017

图6-018

6.3.2 天花ICI材质

（1）选择一个空白球，命名为"天花ICI"，将其指定【VR材质】类型。漫反射颜色和反射颜色的设置如图6-019所示。

图 6-019

（2）展开【选项】卷展栏，取消勾选【跟踪反射】复选框，使天花ICI带有高光效果但不显示反射，如图6-020所示。

图 6-020

6.3.3 壁纸材质

（1）选择一个空白球，命名为"壁纸"，指定【VR材质】类型。单击【漫反射】通道右侧的空白按钮，选择【Bitmap】位图并指定配套光盘提供的壁纸贴图，如图6-021所示。

图 6-021

（2）设置材质凹凸感，展开【贴图】卷展栏，在【凹凸】通道中指定【Bitmap】位图并选择配套光盘提供的黑白纹理贴图，参数设置如图6-022所示。

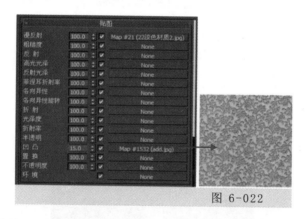

图 6-022

（3）将材质赋给场景中的墙体模型，并为其材质指定一个合适的【UVW Map】贴图坐标命令，参数设置如图6-023所示。

图 6-023

6.3.4　吊灯塑料材质

（1）选择一个空白球，命名为"塑料灯具"，单击【Standard】指定【VR
材质包裹器】类型，如图6-024所示。

图 6-024

（2）单击【基本材质】右侧按钮，参数设置如图6-025所示。

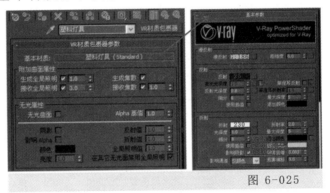

图 6-025

（3）最终塑料灯具材质在场景中的渲染效果如图6-026所示。

图 6-026

6.3.5 白漆材质

（1）选择一个空白球，将其命名为"白漆"，设置漫反射颜色和反射的颜色属性。如图6-027所示。

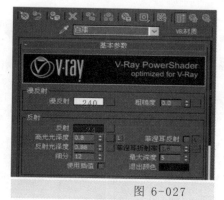

图 6-027

（2）展开【贴图】卷展栏，在【凹凸】通道中指定配套光盘提供的黑白纹理贴图，参数设置如图6-028所示。

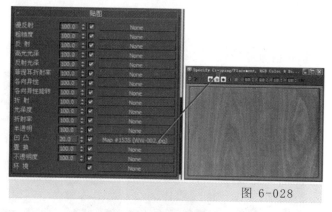

图 6-028

（3）最终得到梳妆台的材质球如图6-029所示。

图 6-029

6.3.6 抱枕材质

（1）选择一个空白球，命名为"绣花枕头"，将其指定【VR材质】类型。单击漫反射通道右侧的空白按钮，选择【Bitmap】位图并指定配套光盘提供的布纹贴图，设置参数如图6-030所示。

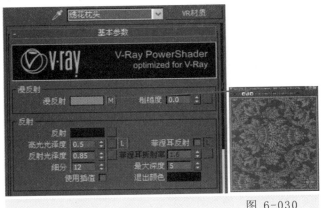

图 6-030

（2）设置材质凹凸感。展开【贴图】卷展栏，在【凹凸】通道中指定【Bitmap】位图并选择配套光盘提供黑白纹理贴图，设置参数如图6-031所示。

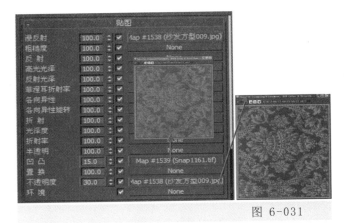

图 6-031

（3）在不透明通道中指定一张与漫反射贴图通道相同的布纹纹理贴图，设置不透明度为30，设置完成后，得到材质球如图6-032所示。

图 6-032

6.3.7 床单材质

（1）选择一个空白球，命名为"床单"，将其指定【VR材质】类型。单击漫反射通道右侧的空白按钮，选择【Bitmap】位图并指定配套光盘提供的布纹贴

图，如图6-033所示。

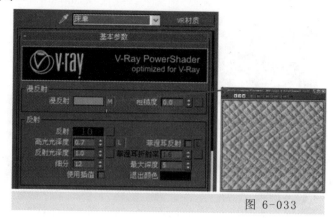

图 6-033

（2）设置材质凹凸感。展开【贴图】选项卷展栏，在凹凸通道中指定
【Bitmap】位图并选择配套光盘提供的黑白纹理贴图，参数设置如图6-034所示。

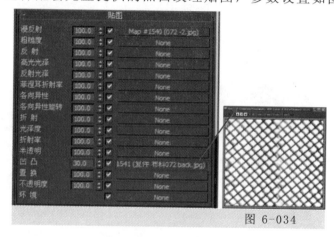

图 6-034

（3）设置完成后，得到床单材质球如图6-035所示。

图 6-035

6.3.8 镀金材质

（1）选择一个空白球，命名为"镀金壁灯"，将其指定【VR材质】类型。
设置漫反射颜色和反射颜色的属性如图6-036所示。

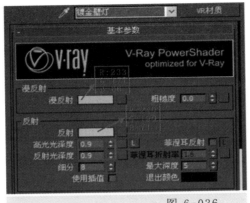

图 6-036

（2）最终得到镀金壁灯的材质球如图6-037所示。

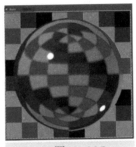

图 6-037

 提示 其他材质参考前面的实例或光盘视频教程，本章案例的基本材质就设置完成了。

6.4 灯光的设定

设置完材质，接下来将进行场景灯光的布置。在这一过程中，需要反复测试渲染场景来确定最终的灯光及灯光参数。另外，本场景的模型量比较大，所以我们设置一个较低的测试渲染参数，以便在测试渲染时节约时间。

6.4.1 测试设置

（1）按【F10】键打开渲染设置，测试图像大小，如图6-038所示。

图 6-038

（2）关闭【默认灯光】和【光泽效果】，可以节省测试时间，如图6-039所示。

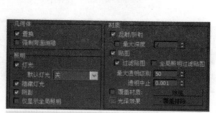

图 6-039

（3）在【V-Ray图像采样器(反锯齿)】卷展栏中，设置采样方式为【固定】，【大小】值为1，同时关闭【抗锯齿过滤器】选项可以提高渲染速度，如图6-040所示。

图 6-040

（4）打开【V-Ray间接照明(GI)】卷展栏，勾选【开】选项，设置【首次反弹】引擎为【发光图】，设置【二次反弹】引擎为【灯光缓存】，如图6-041所示。

图 6-041

（5）设置【V-Ray发光图】参数：【当前预置】为【非常低】，【半球细分】为30，参数界面如图6-042所示。

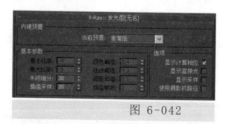

图 6-042

（6）【灯光缓存】参数设置如图6-043所示，其他参数保持默认即可。

图 6-043

6.4.2　灯光设置

（1）进入灯光创建面板，在选项栏中选择灯光类型，进入【VRay】灯光创建面板，然后选择【平面】光源，如图6-044所示。

图 6-044

（2）在窗户位置放置一个VR平面灯源来模拟真实的天光效果，平面光的位置及参数设置如图6-045所示。

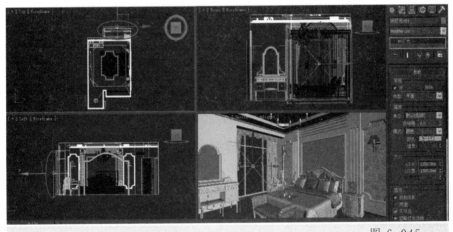

图 6-045

（3）选择场景中床的模型，单击鼠标右键，在弹出的菜单中选择【Object Properties】对象属性命令，勾选其中的【Display as BOX】边界盒显示复选框，将模型以边界盒形式显示，如图6-046所示。

> **提示**
> 　　在布置灯光的时候，由于场景模型的面比较多，所使用的计算机系统内存也就相对较多，所以在制作过程中计算机反应会比较慢。为了解决这个问题，我们可以将模型以边界盒显示，这样可以大大减少多面模型占用系统内存的数量，从而加快计算机的刷新率。

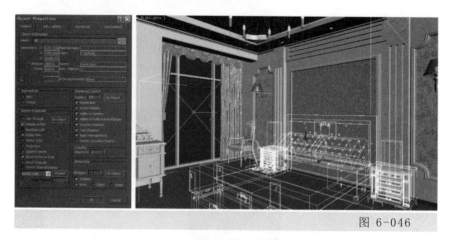

图 6-046

（4）按组合键【Shift+Q】对场景进行渲染，观察天光的光照效果，如图6-047 所示。

图 6-047

（5）经过观察发现，天光对场景照射的效果已经适合设置吊灯灯光，在灯光创建面板中选择【VRay球体】光源，设置灯源的位置如图6-048所示。

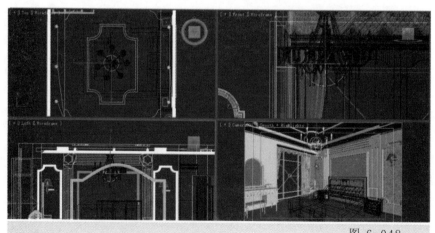

图 6-048

（6）选择球体光源并设置参数，切换到摄像机视图并进行渲染，得到添加吊灯后的效果如图6-049所示。

图 6-049

（7）经过观察发现，吊灯模型已经曝光，选择场景中的吊灯模型，单击鼠标右键，在弹出的菜单中选择【Object Properties】对象属性命令，如图6-050所示。

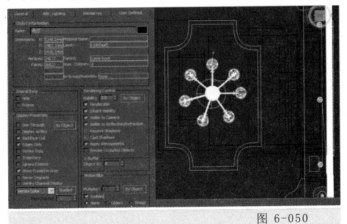

图 6-050

（8）因为球体光的光源有些曝光，所以将球体光的倍增值修改为4，如图6-051所示。

图 6-051

（9）经过观察发现整体效果相对较暗，特别是地面效果。我们将利用【VR代理材质】来单独控制木地板材质GI效果，按【M】键打开【材质编辑器】，选择【地面】材质，设置如图6-052所示。

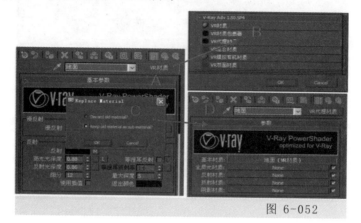

图 6-052

（10）在【全局光材质】的贴图通道中指定一个VR材质，以提高地面材质的GI强度和颜色，参数设置如图6-053所示。

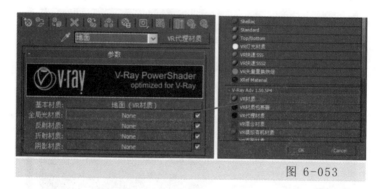

图 6-053

（11）设置材质漫反射的颜色RGB（190 190 190），按组合键【Shfit+Q】进行渲染。测试效果如图6-054所示。

图 6-054

> **提示**　代理材质可以让其他非VR材质拥有一些VR材质的特性。其中的GI全局光材质可以使用右侧的通道按钮实现，打开【材质/贴图浏览器】并选择用来模拟全局光的材质，使用它可以单独控制材质的GI效果。

　　（12）布置场景的壁灯。进入VRay灯光创建面板，这里采用VRay球体光源来模拟壁灯效果，如图6-055所示。

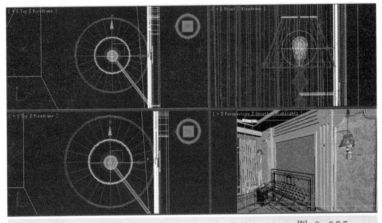

图 6-055

　　（13）设置壁灯的【颜色】、【倍增器】、【大小】，以关联的方式复制到另一个壁灯的相关位置，如图6-056所示。

图 6-056

　　（14）布置场景中的筒灯，设置模拟筒灯效果的灯光为【Target Light】光度学灯光，在左视图中拖拽鼠标创建灯光，在顶视图中将筒灯移动到合适的位置，如图6-057所示。

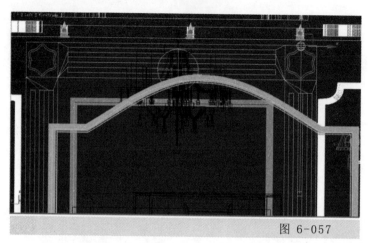

图 6-057

（15）3ds Max中的【Target Light】可以设置光域网，打开配套光盘提供的光域网文件，如图6-058所示。

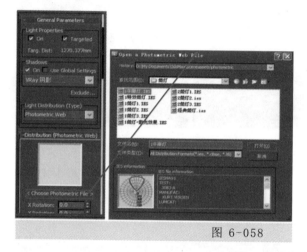

图 6-058

（16）设置发光强度、颜色和数值大小，以关联的方式复制筒灯至其他相关位置，如图6-059所示。

图 6-059

（17）按数字键【8】打开【Environment】环境设置对话框，单击【None】按钮，在弹出的对话框中选择【Gradient】渐变颜色，如图6-060所示。

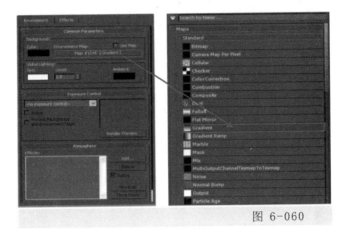

图 6-060

（18）按【M】键打开【材质编辑器】，拖拽鼠标到空白材质球上，选择关联复制，如图6-061所示。

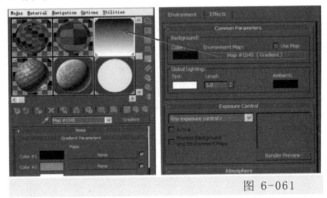

图 6-061

（19）设置渐变颜色，渲染测试效果如图6-062所示。

图 6-062

（20）在顶视图中创建【Line】线，用来模拟灯带效果，如图6-063所示。

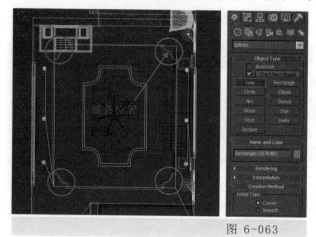

图 6-063

（21）在前视图中调整位置，并设置为可渲染对象，参数设置如图6-064所示。

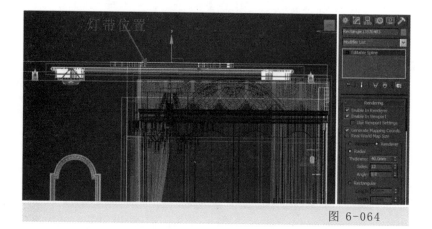

图 6-064

（22）按【M】键打开【材质编辑器】，选择空白球指定给灯带对象，单击【Standard】标准按钮，选择【VR灯光材质】，如图6-065所示。

图 6-065

（23）设置灯带颜色和倍增值，渲染效果如图6-066所示。

图 6-066

（24）通过观察发现灯带模型线条也被渲染，选择场景中线条模型，单击鼠标右键，在弹出的菜单中选择【Object Properties】对象属性，如图6-067所示。

图 6-067

6.5 渲染设置

灯光设定好了以后，再确定模型、材质都已经合适。下面来设置成品渲染参数，选择窗户外的平面光，在修改面板中设置灯光的【细分值】为17，吊灯对场景的影响比较大，所以设置【细分值】为20，壁灯对场景的影响较小，设置其【细分值】为12。

（1）按【F10】键，设置渲染图像的大小，宽度和高度如图6-068所示。

图 6-068

（2）设置【V-Ray全局开关】和【V-Ray图像采样器(反锯齿)】的参数，设置【二次光线偏移】值为0.001，防止有重面的地方出现错误，其他参数设置如图6-069所示。

图 6-069

（3）设置【V-Ray间接照明(GI)】和【V-Ray发光图】的参数，【半球细分】值为60，【插值采样】参数为25，一般不要超过30，否则图面会感觉很飘，如图6-070所示。

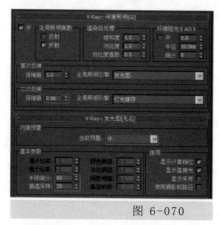

图 6-070

（4）【V-Ray灯光缓存】参数设置如图6-071所示。

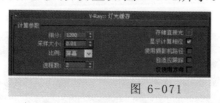

图 6-071

（5）为了得到质量比较高的画面效果，可以把【V-Ray确定性蒙特卡洛采样器】中的参数设置得高一些，如图6-072所示。

图 6-072

（6）在【Render Elements】面板中单击【Add...】增加按钮，在弹出对话框中添加【VRay 渲染ID】命令，同时渲染一张彩色通道图，如图6-073所示。

图 6-073

（7）其他参数保持默认即可，最终效果如图6-074所示。

图 6-074

6.6 Photoshop 后期处理

为了进一步提高效果图的品质，我们将使用Photoshop对渲染输出的效果图进行色彩处理，同时调整图像的亮度、对比度、并进行锐化处理。

（1）启动Photoshop软件，打开渲染效果图文件，为了不破坏原图像，按组合键【Ctrl+J】复制背景图层，如图6-075所示。

图 6-075

（2）按组合键【Ctrl+L】打开【色阶】对话框，参数设置如图6-076所示。

图 6-076

（3）按组合键【Ctrl+M】打开【曲线】对话框，调整参数。如图6-077所示。

图 6-077

（4）按组合键【Ctrl+B】打开【色彩平衡】对话框，参数设置如图6-078所示。

图 6-078

（5）选择"图层1"，单击工具栏中的【魔棒】工具按钮，在图像中单击吊灯的灯泡位置，选取灯泡；然后按组合键【Ctrl+J】复制选区，得到"图层2"如图6-079所示。

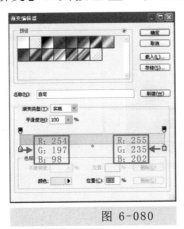

图 6-079

（6）按住【Ctrl】键同时单击图层面板的"图层2"，将图层转化为选区，然后再单击工具栏的【渐变】工具按钮，参数设置如图6-080所示。

图 6-080

（7）在图像的灯泡位置按住鼠标左键拖拽，为灯泡制作渐变效果。如图6-081所示。

图 6-081

（8）执行【滤镜】/【模糊】/【高斯模糊】菜单命令，在弹出的【高斯模糊】修改对话框中设置模糊半径为3，效果如图6-082所示。

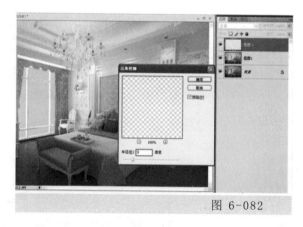

图 6-082

（9）按组合键【Ctrl+M】打开【曲线】对话框，参数调整如图6-083所示。

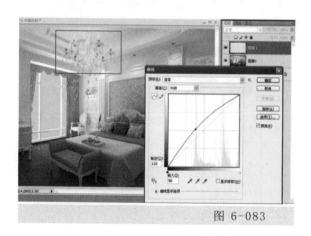

图 6-083

（10）按组合键【Ctrl+E】向下合并图层，在工具栏中选择【椭圆选框】工具按钮◯，选择灯泡区域，执行【选择】/【修改】/【羽化】菜单命令，参数设置如图6-084所示。

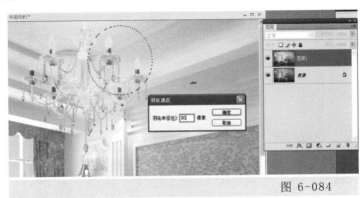

图 6-084

（11）执行【滤镜】/【渲染】/【镜头光晕】菜单命令，在弹出的对话框中设置参数。如图6-085所示。

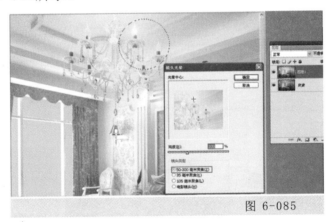

图 6-085

（12）采用同样的方法，在其他的灯泡的位置添加光晕滤镜，如图6-086所示。

图 6-086

（13）单击工具栏中的【魔棒】工具按钮 ，在图像中单击窗户位置，选取窗户，如图6-087所示。

图 6-087

（14）打开配套光盘提供的图片素材，按组合键【Ctrl+A】全选，再按组合键【Ctrl+C】复制对象，当回到效果图对象时按组合键【Ctrl+Shift+V】贴入，如图6-088所示。

图 6-088

（15）调整图层的不透明度和填充的百分比，参数设置如图6-089所示。

图 6-089

（16）按组合键【Ctrl+E】向下合并图层，执行【滤镜】/【锐化】/【USM锐化】菜单命令，在弹出的对话框中设置参数。如图6-090所示。

图 6-090

（17）至此，欧式卧室的Photoshop后期处理就完成了，合并图层后得到最终效果图，如图6-091所示。

图 6-091

6.7　本章小结

本章案例是一个复杂的欧式卧室空间表现，模型的面数比较多，所以其重点在于如何控制渲染时间。在商业效果图制作中，效率是非常重要的因素，希望读者认真研究本章的相关内容，以便掌握快速、高效的做图技巧。

CHAPTER 7

第七章　豪华客厅

学习重点

- ★　设计效果
- ★　打开模型
- ★　创建相机视图
- ★　调整客厅空间材质
- ★　布置空间灯光
- ★　场景的输出渲染
- ★　后期处理

7.1　渲染空间简介

本场景表现的是一个欧式风格的客厅，由于一个视角无法同时表现出不同角度的效果，因此采用了多视角布光的方法。在本场景制作过程中也着重讲解了多视角连续渲染的技巧，设计效果如图7-000、图7-001所示。

图 7-000

图 7 001

7.2　创建摄像机及检查模型

7.2.1　创建摄像机

（1）打开配套光盘提供的欧式客厅模型，按组合键【Alt+W】最大化【Top】顶视图，在创建面板中选择目标摄像机，然后拖拽鼠标创建一个目标摄相机，调整位置如图7-002所示。

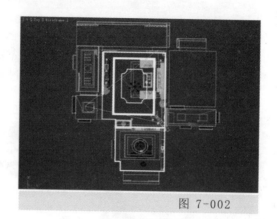

图 7-002

（2）切换到【Left】左视图，调整摄像机的高度，并将摄像机的【Lens】镜头设置为20mm，其他参数默认，如图7-003所示。

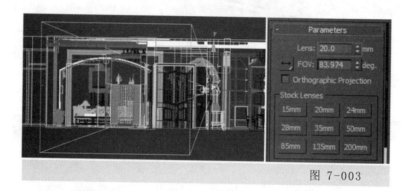

图 7-003

（3）确定摄像机镜头大小后，按【C】键切换到摄像机视图，如图 7-004所示。

图 7-004

（4）在阳台部分设置第二个摄像机，首先调整到顶视图创建摄像机的平面位置，如图7-005所示。

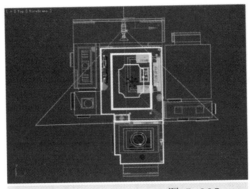

图 7-005

（5）切换到【Left】左视图，调整摄像机的高度，并将摄像机的【Lens】镜头设置为20mm，其他参数默认，如图7-006所示。

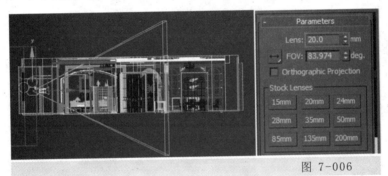

图 7-006

提示 在此不必考虑摄像机的不同设置对多视角连续渲染造成的影响。在多视角的预设中不仅可以渲染不同的摄像机视角，还可以渲染不同分辨率的图像。

（6）按【C】键切换到摄像机视图，如图7-007所示。

图 7-007

（7）按【F10】键打开渲染面板，设置一个合适的观察角度，并锁定比例，如图7-008所示。

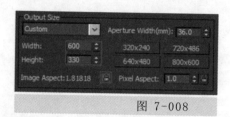

图 7-008

（8）回到摄像机视图，按组合键【Shift+F】打开安全框，此时观察到的图像范围就是最终渲染的范围，效果如图7-009所示。

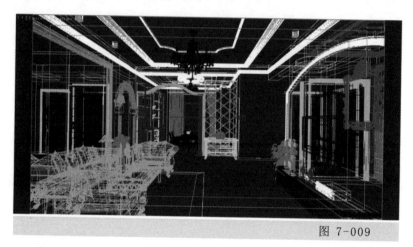

图 7-009

7.2.2 检查模型

（1）首先隐藏窗帘等会妨碍进光的物体，然后在材质球中制作一个灰度的【VRay材质】，按【F10】键打开渲染面板，将设置材质拖拽到覆盖材质后面的【None】按钮中，选择关联复制，如图7-010所示。

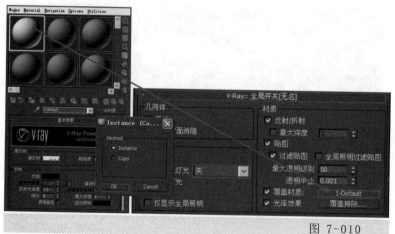

图 7-010

（2）展开【V-Ray间接照明（GI）】卷展栏，勾选【开】选项，选择【二次反弹】引擎为【灯光缓存】，如图7-011所示。

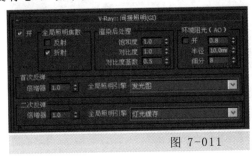

图 7-011

（3）展开【V-Ray发光图】卷展栏，参数设置如图7-012所示。

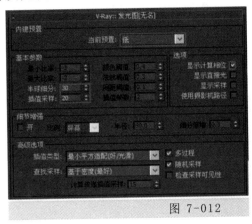

图 7-012

（4）展开【V-Ray灯光缓存】卷展栏，由于球体光会产生较大的噪波，因此设置【预滤器】为20，如图7-013所示。

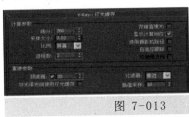

图 7-013

（5）展开【V-Ray确定性蒙特卡洛采样器】，参数设置如图7-014所示。

图 7-014

（6）测试渲染设置完毕后，创建一个球体光对模型进行测试，在【Top】顶视图中调整球体光的位置，如图7-015所示。

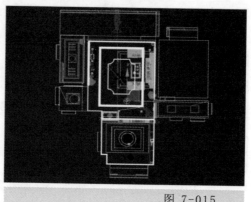

图 7-015

（7）将灯光色彩设置为浅蓝色，参数设置如图7-016所示。

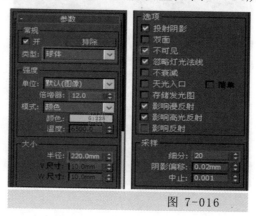

图 7-016

（8）调整到摄像机视图进行测试渲染，测试效果如图7-017所示。

图 7-017

观察测试效果并没有发现模型出现漏光现象，接下来就可以对场景中的模型赋予材质了。

7.3 材质的设置

笔者制作了两张材质的ID图，方便大家对应观察不同材质的设置方法，如图7-018所示。

图 7-018

7.3.1 地面材质

材质的特点：

- 表面光滑，并表现出凹凸的层次感。
- 反射比较模糊，高光反射区域较分散。
- 材质将以拼花的形式出现。

（1）选择一个空白球，命名为"地面"，将其指定【VR材质】类型。单击【漫反射】右侧的空白按钮，在弹出的对话框中双击【Bitmap】位图，并指定配套光盘贴图，在反射通道里添加一个【Falloff】衰减贴图，参数设置如图7-019所示。

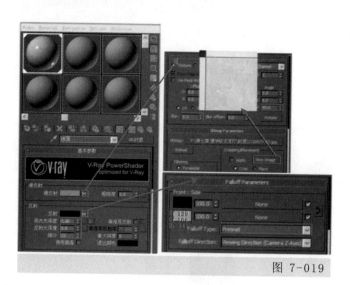

图 7-019

（2）为了加强地面的凹凸感，在【Bump】中设置一个凹凸贴图，如图7-020所示。

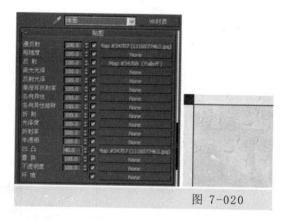

图 7-020

（3）将材质赋予给场景中的地面模型，并为其材质指定一个合适的【UVW Mapping】贴图坐标命令，参数设置如图7-021所示。

图 7-021

7.3.2　电视背景墙洞石材质

材质的特点：

- 表面粗糙，且有很多不均匀的凹洞。
- 反射非常模糊，高光反射区域很分散。

（1）选择一个空白球，命名为"洞石材质"，将其指定【VR材质】类型。单击【漫反射】右侧的空白按钮，在弹出的对话框中双击【Bitmap】位图，并指定配套光盘贴图，在反射通道里添加一个【Falloff】衰减贴图，参数设置如图7-022所示。

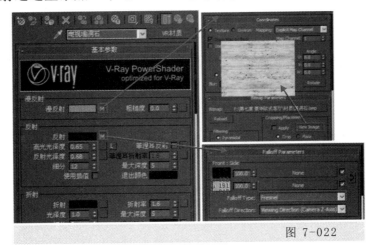

图 7-022

（2）为了加强地面的凹凸感，在【Bump】中设置一个凹凸贴图，如图7-023所示。

图 7-023

（3）设置完成的电视背景墙洞石材质球如图7-024所示。

图 7-024

7.3.3 石柱大理石材质

材质的特点：

· 表面比较光滑。

· 反射较模糊，高光较明显。

（1）选择一个空白球，命名为"大理石"，将其指定【VR材质】类型。单击【漫反射】通道右侧的空白按钮，选择【Bitmap】位图并指定配套光盘提供的大理石贴图，如图7-025所示。

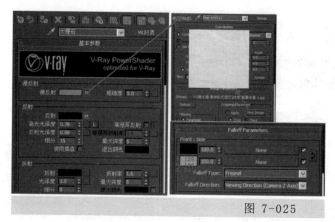

图 7-025

（2）设置材质凹凸感。展开【贴图】卷展栏，在凹凸通道中指定【Bitmap】位图并选择配套光盘提供的贴图，参数设置如图7-026所示。

图 7-026

（3）设置完成的大理石材质球效果如图7-027所示。

图 7-027

7.3.4 灯罩材质

本案例中的灯罩材质就是普通的线帘材质，在此采用为不透明通道设置一张黑白透明贴图的方法来表现出线条效果。

（1）选择一个空白球，将其命名为"灯罩"，设置漫反射颜色为红色，设置反射颜色为黑色，如图7-028所示。

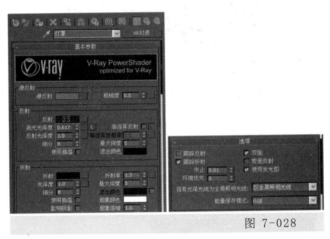

图 7-028

（2）在凹凸与不透明通道中各设置一张黑白的透明贴图来表现出线条的效果，如图7-029所示。

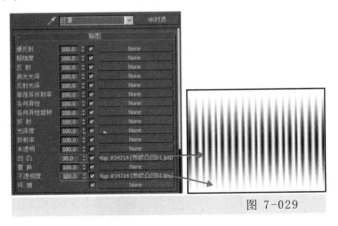

图 7-029

（3）设置完成后的灯罩材质球效果如图7-030所示。

图 7-030

7.3.5 白漆材质

（1）选择一个空白球，将其命名为"白漆"，漫反射颜色和反射的颜色属性的设置如图7-031所示。

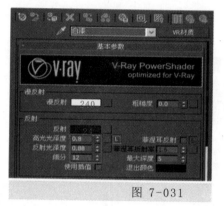

图 7-031

（2）展开【贴图】卷展栏，在凹凸通道中指定配套光盘提供的黑白纹理贴图，其参数设置如图7-032所示。

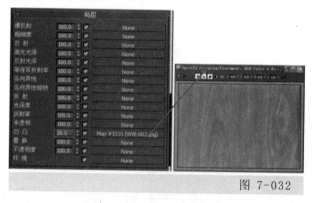

图 7-032

（3）最终得到梳妆台的材质球效果如图7-033所示。

图 7-033

7.3.6 环境材质

（1）选择一个空白球，将其命名为"环境"，单击【standard】按钮，选择【VR材质包裹器】，如图7-034所示。

图 7-034

（2）单击基本材质中【环境】下拉列表右侧的【Standard】按钮，回到标准材质，再次单击【Standard】按钮，选择【VR灯光材质】，如图7-035所示。

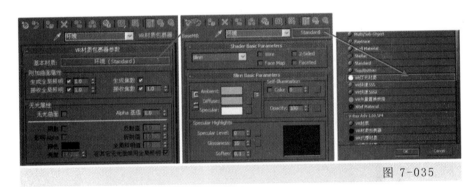

图 7-035

（3）设置强度的倍增值为3，单击右测的【None】按钮，选择【Bitmap】位图并指定配套光盘提供的环境图片，如图7-036所示。

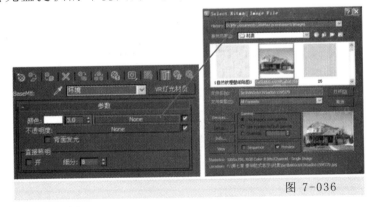

图 7-036

7.3.7　沙发皮纹材质

（1）选择一个空白球，命名为"皮革"，将其指定【VR材质】类型。单击【漫反射】通道右侧的空白按钮，选择【Bitmap】位图并指定配套光盘提供的皮革贴图，如图7-037所示。

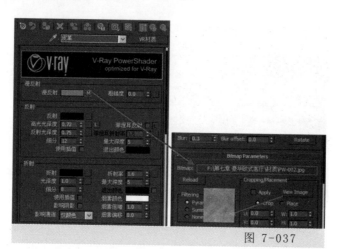

图 7-037

（2）皮革纹理的凹凸感是比较明显的，因此需要在凹凸贴图通道里调出一张精度比较高的贴图，如图7-038所示。

图 7-038

（3）设置完成后，得到沙发皮纹材质球如图7-039所示。

图 7-039

7.3.8　镀金材质

（1）选择一个空白球，命名为"镀金壁灯"，将其指定【VR材质】类型。漫反射颜色和反射的颜色属性设置如图7-040所示。

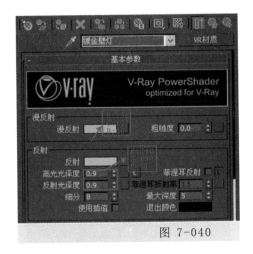

图 7-040

（2）最终得到镀金壁灯的材质球如图7-041所示。

图 7-041

提示 其它材质可参考前面的实例或光盘视频教程，本章案例的基本材质就设置完成了。

7.4　灯光的设定

设置完材质，接下来将进行场景灯光的布置。在这一过程中，需要反复测试渲染场景来确定最终的灯光及灯光参数。另外，本场景的模型量比较大，所以我们设置一个较低的测试渲染参数，以便在测试渲染时节约时间。

7.4.1　测试设置

（1）按【F10】键打开渲染设置，测试图像大小，如图7-042所示。

图 7-042

（2）关闭【默认灯光】和【光泽效果】，可以节省测试时间，如图7-043所示。

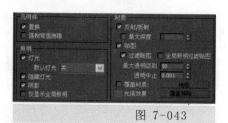

图 7-043

（3）在【V-Ray图像采样器(反锯齿)】卷展栏中，设置采样方式为【固定】，细分值为1，同时关闭【抗锯齿过滤器】选项，以提高渲染速度，如图7-044所示。

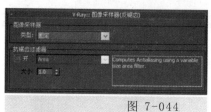

图 7-044

（4）打开【V-Ray间接照明(GI)】卷展栏，勾选【开】设置，设置【首次反弹】引擎为【发光图】，设置【二次反弹】引擎为【灯光缓存】，如图7-045所示。

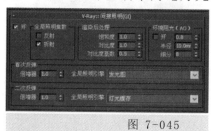

图 7-045

（5）设置【V-Ray发光图】参数：【当前预置】为【非常低】，【半球细分】为30，其参数如图7-046所示。

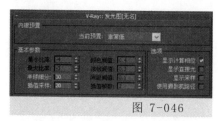

图 7-046

（6）【V-Ray灯光缓存】参数设置如图7-047所示。

图 7-047

其他参数保持默认即可，接下来进一步讲解灯光的创建。

7.4.2 灯光创建

（1）进入灯光创建面板。在选项栏中选择灯光类型，进入VRay灯光创建面板，然后选择VR灯光，如图7-048所示。

图 7-048

（2）在窗户位置放置VR灯光来模拟真实的天光效果，VR灯光的位置及参数设置如图7-049所示。

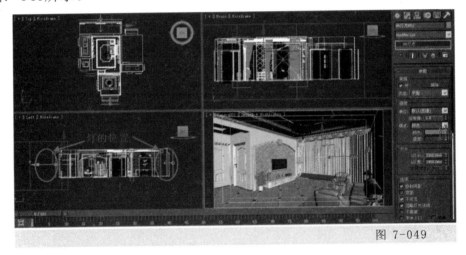

图 7-049

（3）选择场景中床的模型，单击鼠标右键，在弹出的菜单中选择【Object Properties】对象属性命令，勾选【Display as BOX】边界盒显示复选框，将模型以边界盒显示，如图7-050所示。

提示

在布置灯光时，由于场景模型的面比较多，所占用的计算机机系统内存也就相对较多，所以在制作过程中计算机反应会变慢。为了解决这个问题，我们可以将模型以边界盒显示，这样可以大大减少多面模型占用系统内存的数量，从而提高计算机的刷新率。

图 7-050

（4）此时对场景按组合键【Shift+Q】进行渲染，观察天光的光照效果，如图 7-051所示。

图 7-051

（5）接下来设置吊灯灯光。在灯光创建面板中选择VR灯光，按组合键【Alt+Q】独立显示对象，灯源的位置及参数设置如图7-052所示。

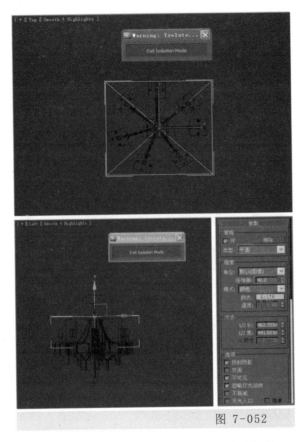

图 7-052

（6）复制VR灯光到过道和餐厅，并选择【Copy】类型，VR灯光照射范围的大小设置如图7-053所示。

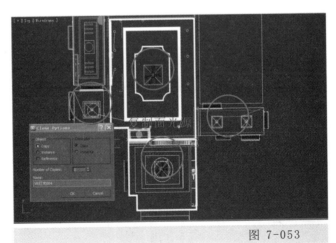

图 7-053

（7）切换到摄像机视图，按组合键【Shift+Q】对其渲染两个视角效果，如图 7-054所示。

图 7-054

（8）在筒灯位置处创建【Target Loght】灯光，在前视图筒灯处拖拽鼠标绘制灯光，并将其放置在两侧筒灯位置下，如图7-055所示。

图 7-055

（9）在顶视图中关联复制多盏灯光，调整位置及参数设置如图7-056所示。

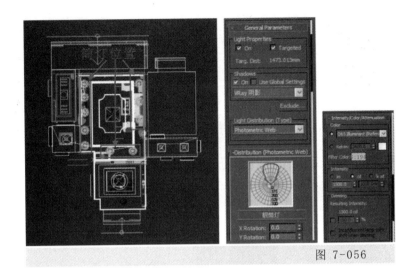

图 7-056

（10）按组合键【Shfit+Q】渲染测试效果如图7-057所示。

图 7-057

（11）用同样的方法创建入口处、走道、餐厅射灯光源，调整位置及参数设置如图7-058所示。

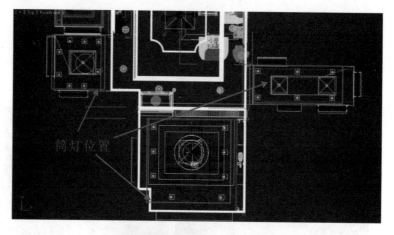

图 7-058

（12）布置场景的壁灯。进入VRay灯光创建面板，这里采用VRay球体光源来模拟壁灯效果，如图7-059所示。

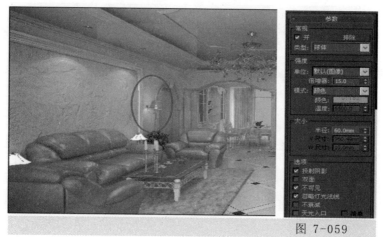

图 7-059

（13）在顶视图中创建VR灯光用以模拟灯带效果，在左视图中设置VR灯光的照射方向，灯光位置与参数设置如图7-060所示。

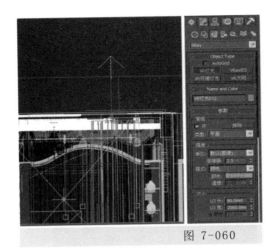

图 7-060

（14）在顶视图中关联复制3个VR灯光放置在灯槽内，渲染效果如图 7-061
所示。

图 7-061

7.5 渲染出图

（1）按【F10】键设置渲染图像的大小，宽度和高度的设置如图7-062所示。

图 7-062

（2）设置全局光和抗锯齿的参数。设置【二次光线偏移】值为0.001，用以防止有重面的地方出现错误，其他参数保持默认即可，如图7-063所示。

图 7-063

（3）设置【V-Ray间接照明(GI)】和【V-Ray发光图】的参数。设置【半球细分】为60，【插值采样】参数为25，一般不要超过30，否则图面会感觉很飘，如图7-064所示。

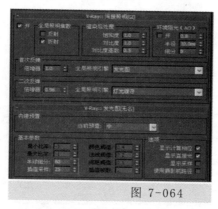

图 7-064

（4）【V-Ray灯光缓存】参数设置如图7-065所示。

图 7-065

（5）为了得到质量比较高的画面效果，可以把【V-Ray确定性蒙特卡洛采样器】中的参数设置得高一些，如图7-066所示。

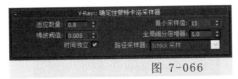

图 7-066

（6）在【Render Elements】面板中单击增加按钮，在弹出的对话框中添加【VRay 渲染ID】命令，同时渲染一张彩色通道图，如图7-067所示。

图 7-067

（7）其他参数保持默认即可，最终效果如图7-068所示。

图 7-068

7.6　多角度连续渲染

（1）由于只是给光子文件一个座位，因此这里的参数可以设置得很低，读者只需要将光子文件保存到指定的位置即可。按【F10】键打开渲染设置，如图7-069所示。

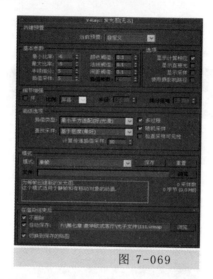

图 7-069

（2）使用同样的方法设置【V-Ray灯光缓存】的光子文件，如图7-070所示。

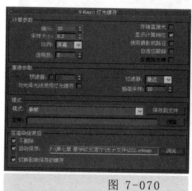

图 7-070

（3）渲染完毕后，在文件夹内就可以看到已经自动保存的111.vrmap与222.vrlmap两个光子文件，这就是给成品图光子文件保留的座位，如图 7-071所示。

图 7-071

（4）我们都知道在保存光子文件时所设置的参数将直接影响成品图的质量，其原因是【V-Ray灯光缓存】与光子贴图文件的参数一旦被确认调用，那么在渲染大图中设置的这两个面板的参数都会被否认。因此一般高品质光子图的参数与自己想要的成品图参数保持一致即可。

提示
　　　　本案例中的高品质光子文件的设置，不但要设置成品图的出图参数，而且还要将模式设置为【添加到当前贴图】模式，这种模式会将计算的结果增加到111.vrmap文件中，并将其覆盖，如图7-072所示。

图 7-072

　　（5）同样的道理，设置灯光缓存的模式为【渐进路径跟踪】，让灯光缓存的光子文件重新计算并覆盖原有的222.vrlmap文件，如图7-073所示。

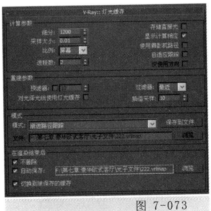

图 7-073

　　（6）返回到【Common】面板，设置所需要的光子文件的分辨率，如图7-074所示。

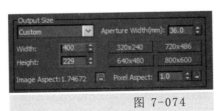

图 7-074

（7）设置【Preset】预设并保存为【Save Preset】预设，在弹出的对话框中输入预设的文件名为"gz01"，如图7-075所示。

图 7-075

（8）在系统弹出的对话框中单击【Save】按扭，如图7-076所示。

图 7-076

（9）设置【V-Ray全局开关】和【V-Ray图像采样器(反锯齿)】的参数。设置【二次光线偏移】值为0.001，可以防止有重面的地方出现错误，其他参数设置如图7-077所示。

图 7-077

（10）设置并保存成品图预设值后，【贴图】卷展栏将自动变成【从文件】模式，这种模式会在这次预设中自动调用，如图7-078所示。

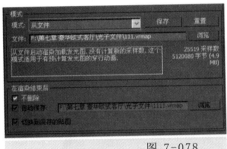

图 7-078

（11）同理，在【V-Ray灯光缓存】卷展栏的设置如图7-079所示。

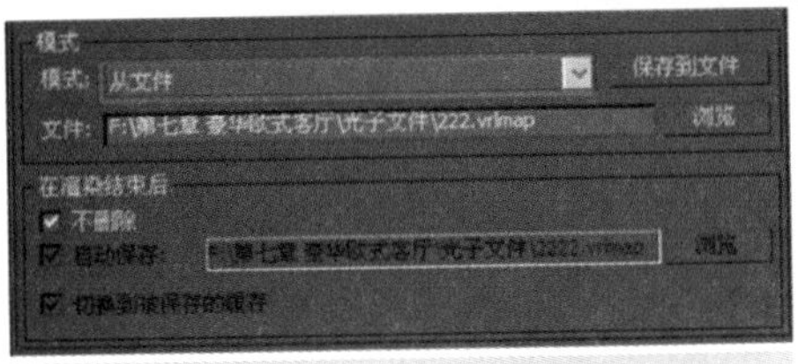

图 7-079

（12）返回到【Common】中设置成品图的分辨率，如图7-080所示。

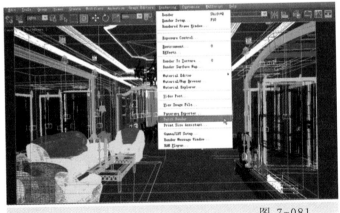

图 7-080

（13）执行【Rendering】/【Batch Render】菜单，如图7-081所示。

图 7-081

（14）在弹出的【Batch Render】对话框中，单击【Add】按钮，增加4个任务，如图7-082所示。

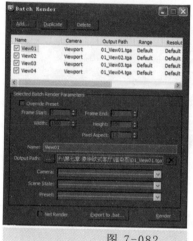

图 7-082

（15）设置【view01】的输出路径为"F:\第七章 豪华欧式客厅\渲染图
\01_View01.tga"，【Camera】摄像机为【Camera01】,预设值为"gz01"文
件，这代表使用这个预设值来渲染【Camera01】，如图7-083所示。

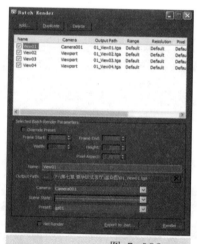

图 7-083

> **提示**
>
> 一个预设值对应一个任务，首先要渲染一个视角的光子文件，其次渲染第
> 一个视角的成品图，然后渲染第二个视角的光子文件，最后渲染第二个视角的
> 成品图，依此类推。如果有第三个或者更多视角，每增加一个视角就需要增加
> 两个任务。

（16）使用同样的方法设置【view02】、【view03】和【view04】，如图
7-084所示。单击【Render】按钮即可进行渲染，这样在不作任何操作的情况下
就可以得到所有视角的成品图，而且还调用了光子并节省了时间。

图 7-084

7.7 Photoshop 后期处理

（1）启动Photoshop软件，打开渲染效果图文件，为了不破坏原图像，按组合键【Ctrl+J】复制背景图层，如图7-085所示。

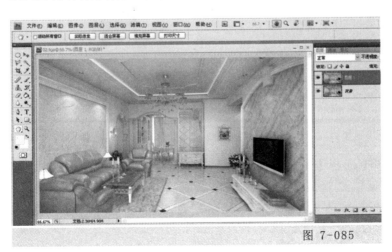

图 7-085

（2）感觉画面的整体高度不够，按组合键【Ctrl+M】打开【曲线】调整对话框，参数调整如图7-086所示。

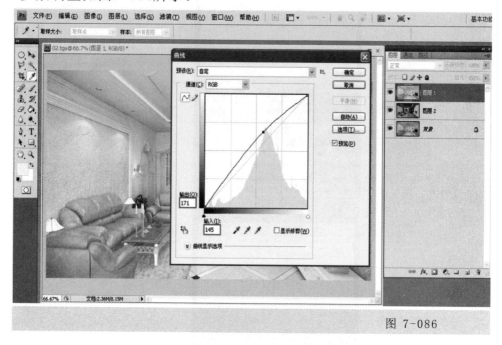

图 7-086

（3）感觉餐厅吊顶的阴影部分太硬，使用【魔术棒】工具在通道图层中选择餐厅顶部，并按组合键【Ctrl+J】对其进行复制，如图7-087所示。

图 7-087

（4）执行【选择】/【色彩范围】菜单命令，用吸管选择出较暗的区域，打开【曲线】对话框，对其进行亮度调节，如图7-088所示。

（5）感觉整体效果不够暖，在图层面板下方给图像添加【照片滤镜】命令，如图7-089所示。

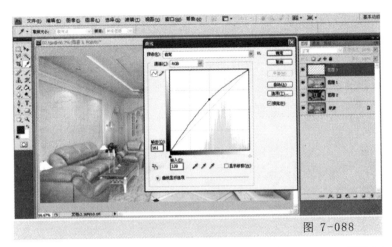

图 7-088

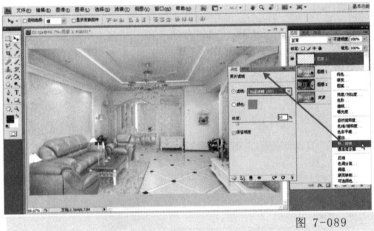

图 7-089

（6）按组合键【Ctrl+B】打开【色彩平衡】对话框，参数设置如图7-090所示。

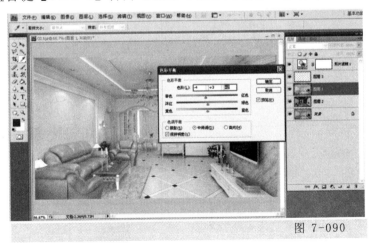

图 7-090

（7）使用【魔术棒】工具选择沙发，视觉不要太红，按组合键【Ctrl+J】复制新图层，再按组合键【Ctrl+B】打开【色彩平衡】对话框，如图7-091所示。

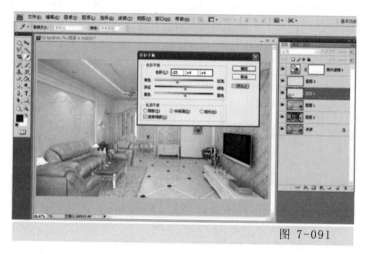

图 7-091

（8）使用【魔术棒】工具选择电视背景部分，按组合键【Ctrl+J】复制到新图层，再按组合键【Ctrl+B】打开【色彩平衡】对话框，如图7-092所示。

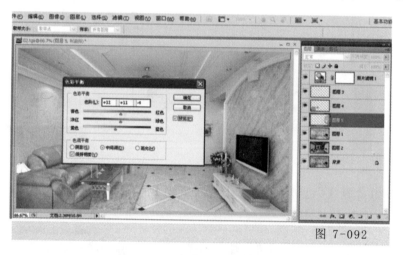

图 7-092

（9）执行【滤镜】/【锐化】/【USM锐化】菜单命令，弹出【USM 锐化】对话框，参数设置如图 7-093所示。

图 7-093

（10）使用【魔术棒】工具选择墙体，按组合键【Ctrl+J】复制到新图层，再按组合键【Ctrl+B】打开【色彩平衡】对话框，如图7-094所示。

图 7-094

（11）选择电视柜，按组合键【Ctrl+M】打开【曲线】对话框，设置其亮度并降低暗处的亮度使之更加稳重，其参数如图7-095所示。

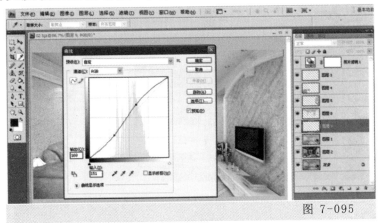

图 7-095

（12）继续进行相关操作对石柱部分进行调整，执行【图像】/【调整】/【亮度对比度】菜单命令，如图7-096所示。

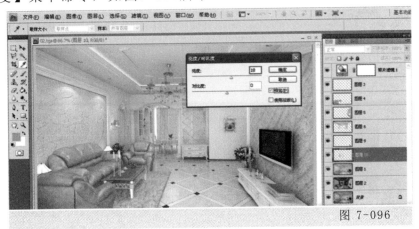

图 7-096

（13）按组合键【Ctrl+B】打开【色彩平衡】对话框，调整参数，让其高光部分体现出冷色调，如图7-097所示。

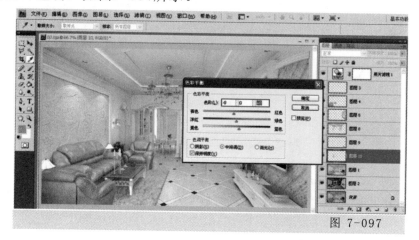

图 7-097

（14）按组合键【Ctrl+Shift+Alt+E】盖印得到新图层，单击【滤镜】/【其他】/【高反差保留】命令，在弹出的对话框中设置参数，如图7-098所示。

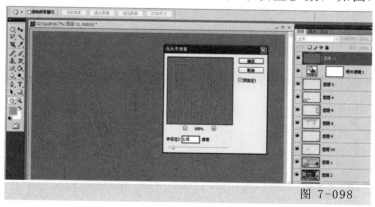

图 7-098

（15）在【图层】面板中设置"图层"的混合模式为【叠加】，从而锐化图像，最终效果如图7-099所示。

图 7-099

（16）用同样的方法处理不同的视角效果如图7-100所示。

图 7-100

7.8 本章小结

本章主要讲解了一个豪华欧式客厅空间的表现方法，主要采用了VRay渲染器的基本材质和灯光的布局方法，后期用Photoshop进行颜色处理得到最终的作品。

CHAPTER 8

第八章 会议室空间的表现

学习重点

★ 设计效果

★ 创建会议室模型

★ 调整会议室材质

★ 创建相机视图

★ 布置空间灯光

★ 场景的输出渲染

★ 后期处理

工装效果图装饰设计概述

在室内效果图制作行业中，市场可细分为家装市场和工装市场两种。家装效果图主要以普通家庭为服务对象，工程也是普通的家居空间，其强调个性化的设计。工装效果图主要以酒店、银行、商场等公司为服务对象，工程则是一个开放的公共空间，如候车大厅、银行营业厅、酒店包间或大堂、公司的会议室等，所以工装更强调普通性，除了要考虑行业的特点以外，还需要照顾到大众的心理。

工装设计的原则

除了一些相同的设计原则以外，与家装相比，工装的室内设计也有其特有的特点与原则，这里我们主要从整体上来强调几点设计原则。

1．大处着眼、细处着手

作为工装空间，其使用面积往往比较大，如火车站候车厅、商场等，所以在设计时必须从整体出发，大处着眼，对全局有一个较好的掌控；其次在工作中要从细处着手，即在进行具体设计时，必须根据室内空间的使用性质，深入调查、收集信息，掌握必要的资料和数据，从最基本的人体尺度、活动范围、家具与设备的尺寸等处着手。

2．内外呼应、整体协调统一

公共空间往往比较注重内外风格的呼应。所谓"内"是指室内环境，如装修风格、设备与家具的造型、整体色调等；所谓"外"是指建筑的外表。内外呼应是指室内的设计和装修风格与建筑的外表形成统一，相互依存，设计时需要从里到外，从外到里多次反复协调，使设计更趋合理，浑然一体。

3．意在笔先、立意与表达并重

对于一项室内设计而言，特别是比较大型的工装设计，立意的重要性不言而喻，没有立意就等于没有"灵魂"。相比较而言，家装设计要相对自由一些，而工装设计必须先有一个成熟的构思，然后再进行设计，即所谓的意在笔先，立意与表达并重。设计者在设计之前要收集足够的信息量、反复论证可能的设计方案，逐步明确立意与构思，最后再通过电脑表达出来。

　　会议室是比较常见的公共空间，随着生活和工作方式的变化，它亦成为人们进行沟通、交流和生活的场所。"办公"与"居家"不再是泾渭分明的概念。企业越来越懂得，留住尖端人才的最好办法，就是把办公室变成一个值得人们为之离家出走的地方；设计师们也在不断地研究怎么把办公室"沉闷"、"约束"的特征剔除，在家与办公室之间获取平衡。"在工作中享受生活"、"有限空间、无限元素"等设计理念在我们的实际办公生活中得到了不断的发展和强化，相信两者也必将成为未来办公空间和办公家具发展的主要趋式。

8.1　创建客厅模型

8.1.1　设计效果及基础建模

　　本章通过空间的基本色调来统一空间的造型，效果如图8-000所示。

图 8-000

　　（1）启动 3ds Max软件。

　　（2）单击菜单【Customize】/【Units Setup】单位设置命令，设置系统单位为毫米，如图8-001所示。

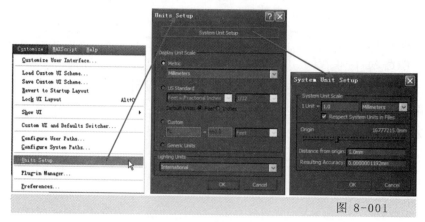

图 8-001

　　（3）单击菜单栏中的【File】/【Import】命令，导入配套光盘中的会议室

CAD施工图纸，弹出窗口中的参数默认即可，如图8-002所示。

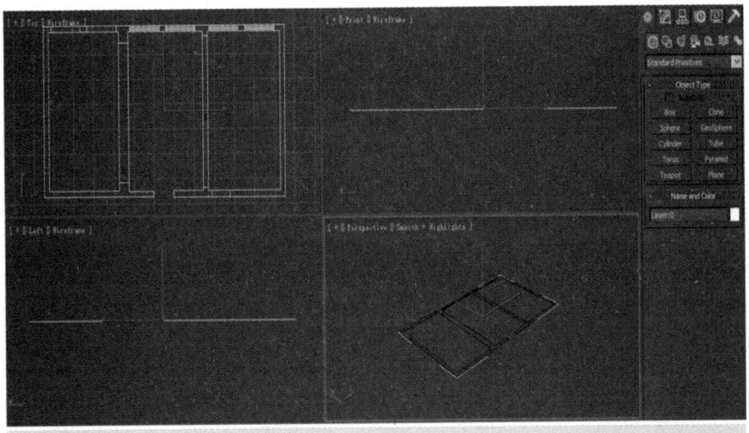

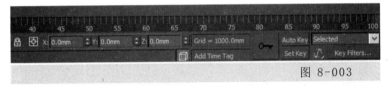

图 8-002

（4）框选所有对象，单击菜单栏中的【Group】/【Group】群组命令，将图形所在坐标设置为（X:0.0，Y:0.0，Z:0.0），如图8-003所示。

图 8-003

（5）在顶视图中按照AutoCAD平面图的位置用【Line】线条工具勾勒出墙体的内框，完成后的效果如图8-004所示。

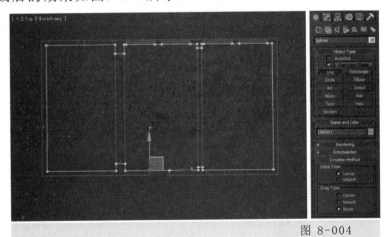

图 8-004

提示

　　遇到门与窗户时只需在门的边缘处单击鼠标左键，即在门窗边缘处加点，但是"点"与"墙体"仍需在同一条直线上。用户可以绘制封闭的曲线，这样，后面操作起来就会很方便。

（6）在修改面板中添加【Extrude】命令，将【Amount】高度参数设置为3500mm（此参数以会议室的实际高度为准，如图8-005所示。

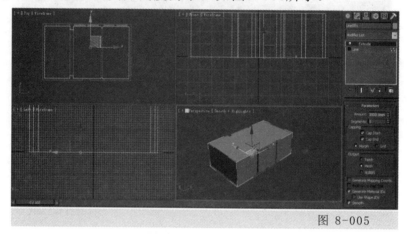

图 8-005

（7）在修改命令面板添加【Normal】法线命令，将其法线翻转，结果如图8-006所示。

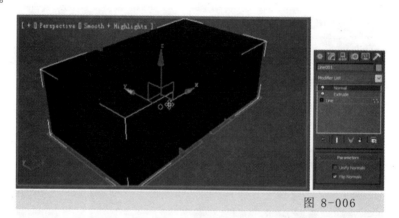

图 8-006

（8）在模型上单击鼠标右键，并在弹出的快捷菜单中选择【Object Properties】对象属性命令，勾选对话框中的【Backface Cull】背面消隐复选框，如图8-007所示。

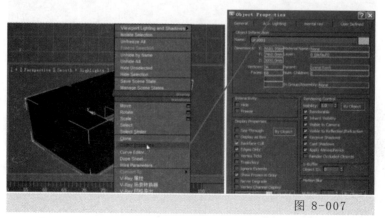

图 8-007

在对象属性对话框中设置背面消隐参数，并不影响最终渲染效果，它只是在视图中不显示对象的背面，以方便观察与操作。

（9）切换到【Perspective】透视图，按功能键【F4】边面显示，选择模型后单击鼠标右键，在弹出的菜单中选择【Convert to】/【Convert to Editable Poly】可编辑多边形模式，如图8-008所示。

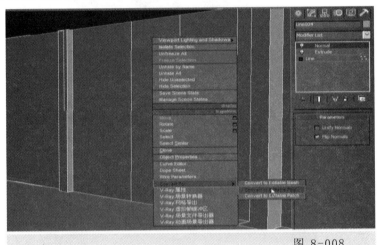

图 8-008

（10）按数字键【2】进入边子对象层级，在透视图中选择边，再在卷展栏中单击【Connect】连接按钮，设置门洞的高度，如图8-009所示。

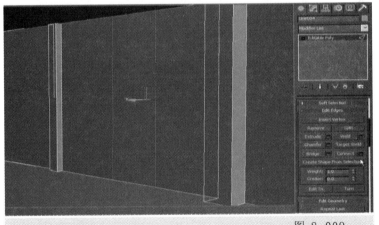

图 8-009

（11）选择模型下方的线条，将"Z"轴坐标设置为2500mm（此参数以实际的门高度为准），如图8-010所示。

（12）按数字键【4】选择面子层级，再选择门洞的面，按【Delete】键将门洞删除，完成后的效果如图8-011所示。

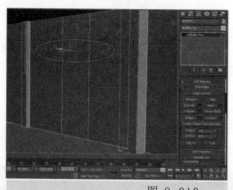

图 8-010

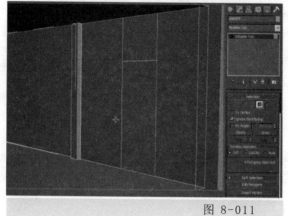

图 8-011

（13）用同样的方法，制作出"窗洞"，并删除面，结果如图8-012所示。

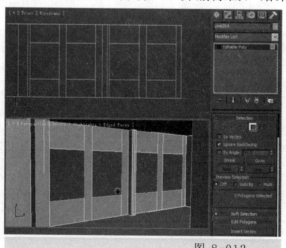

图 8-012

（14）制作门套，在图形创建命令面板中单击【Line】线按钮，再在前视图中沿着门洞绘制一条路径，如图8-013所示。

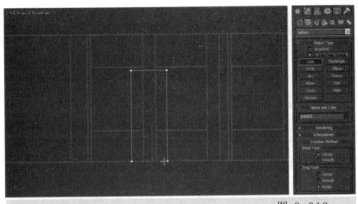

图 8-013

（15）在图形创建命令面板中单击【Rectangle】矩形按钮，在前视图中拖拽并绘制矩形。将鼠标右键转换为样条曲线编辑，并调整截面形状，如图8-014所示。

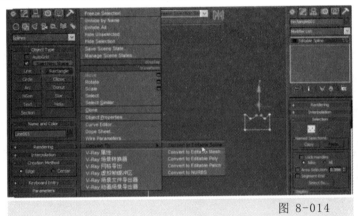

图 8-014

（16）选择绘制好的路径，在修改面板中添加【Bevel Profile】倒角轮廓命令并拾取截面图形，如图8-015所示。

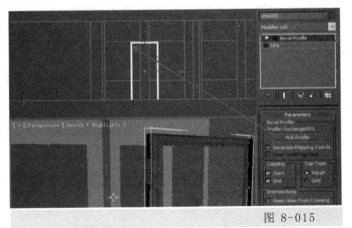

图 8-015

（17）在顶视图中调整门套的位置，单击鼠标右键转换为【Convert to Editable Poly】可编辑的多边形，如图8-016所示。

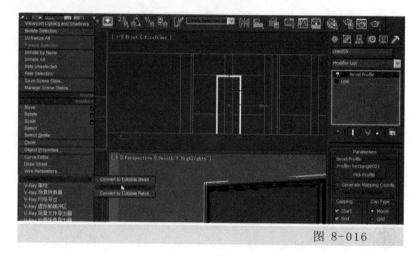

图 8-016

（18）按数字键【1】选择节点，将不需要的节点删除，再选择两节点并移动其位置，如图8-017所示。

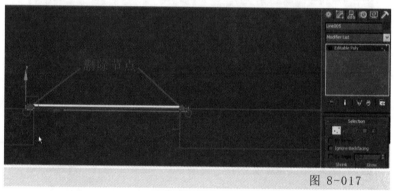

图 8-017

（19）选择内侧两节点并移动门套的边框，再按快捷键【Shift+Q】快速渲染。效果如图8-018所示。

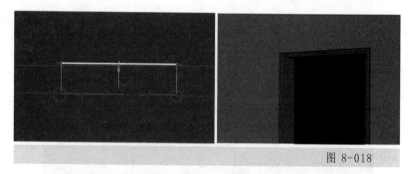

图 8-018

（20）制作窗套，用二维【Rectangle】矩形来完成制作，设置【2.5】捕捉选项，并在前视图中绘制矩形，如图8-019所示。

（21）单击鼠标右键转换成【Edit spline】样条曲线，按数字键【3】选择样条线，并在【Outline】外轮廓输入框中输入30，如图8-020所示。

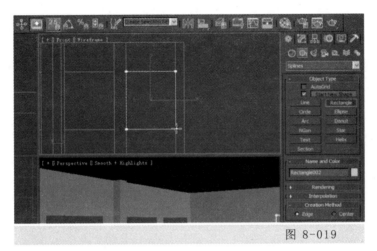

图 8-019

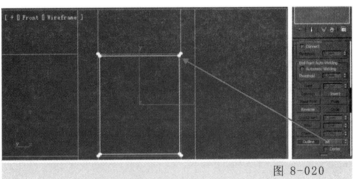

图 8-020

（22）添加【Extrude】挤出命令，在对象层级【Amount】中输入挤出数量为240mm，如图8-021所示。

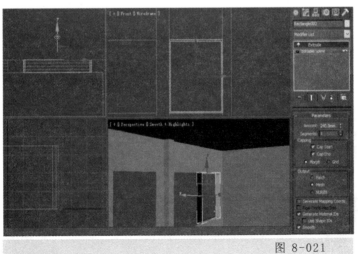

图 8-021

（23）按组合键【Alt+W】最大化显示模式，设置【2.5】捕捉选项后，再次绘制矩形对象，如图8-022所示。

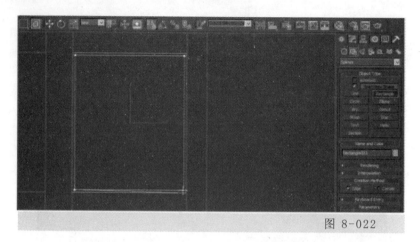

图 8-022

（24）用同样的方法加入【Edit spline】曲线编辑，再按数字键【2】进入边子对象层级，按【Shift】键并移动复制多条线，如图8-023所示。

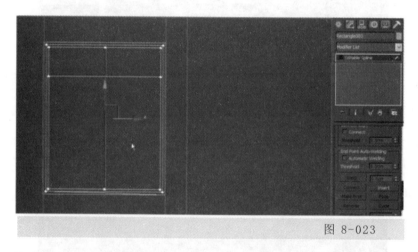

图 8-023

（25）按数字键【3】选择线条，进入线子对象层级，在【Outline】中设置外轮廓值为20mm，如图8-024所示。

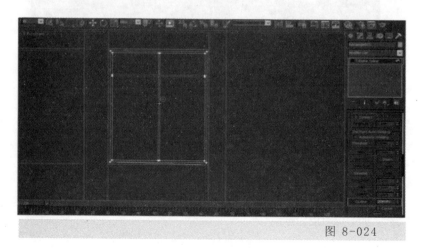

图 8-024

（26）在修改面板中添加【Extrude】挤出命令，进入线子对象层级【Amount】，输入挤出数量为100mm，如图8-025所示。

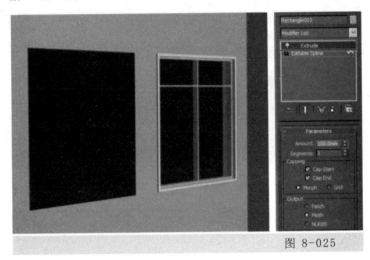

图 8-025

（27）选择窗框和铝合金，关联复制后得到最后效果，如图8-026所示。

图 8-026

8.1.2　创建基本墙饰模型

墙体装饰包括包柱子、窗台、窗帘盒、窗帘、暖气片和装饰柜等。

（1）在图形创建命令面板中单击【Rectangle】矩形按钮，在顶视图中绘制12个矩形，并将它们合并为一体，在修改命令面板中增加【Extrude】挤出命令，参数设置如图8-027所示。

（2）在几何创建命令面板中单击【Box】按钮，在顶视图中创建长方体，再在前视图中将其移动到合适的位置，并命名为"窗台盒"。独立复制【Box】对象将其调整为窗帘盒大小，如图8-028所示。

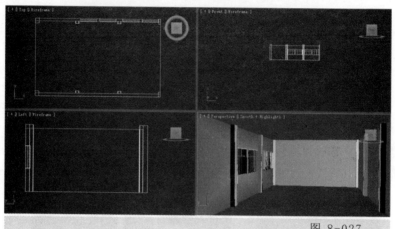

图 8-027

图 8-028

（3）在图形创建命令面板中单击【Rectangle】矩形按钮，再在前视图中绘制4个矩形，并将它们创建在同一平面作为一体，如图8-029所示。

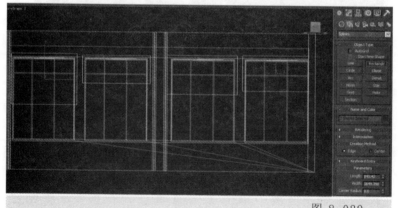

图 8-029

（4）在修改命令面板中增加【Extrude】挤出命令，生成窗帘，参数设置如图8-030所示。

图 8-030

（5）在几何创建命令面板中单击【Cylinder】圆柱体按钮，在左视图中创建4个圆柱体，并命名为"窗帘杆"，如图8-031所示。

图 8-031

（6）在前视图中绘制矩形和小圆，再复制多个小圆，并在同一平面内将它们合成一体，如图8-032所示。

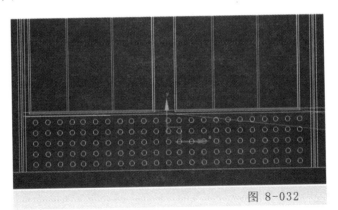

图 8-032

（7）在修改面板中增加【Extrude】挤出命令，并命名为"暖气片"，形状如图8-033所示。

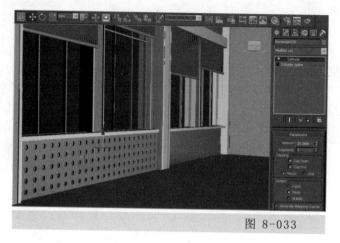

图 8-033

（8）用复制的方法制作出另一组暖气片，最后效果如图8-034所示。

图 8-034

8.1.3 创建吊顶

会议室吊顶的制作比较简单，只要依据CAD图形绘制出一个吊顶轮廓，再使用挤出命令生成三维造型即可。

（1）在图形创建命令面板中选择【Rectangle】矩形命令，再在顶视图中绘制二维矩形框，参数设置如图8-035所示。

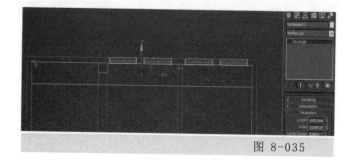

图 8-035

（2）勾选【Start New Shape】选项，在顶视图中绘制圆，参数设置如图8-036所示。

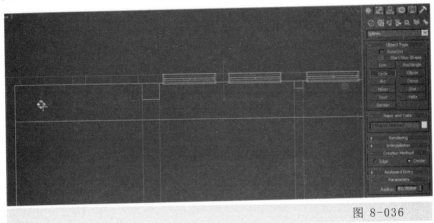

图 8-036

（3）按数字键【3】选择圆，再按住【Shift】键移动并复制多个筒灯，如图8-037所示。

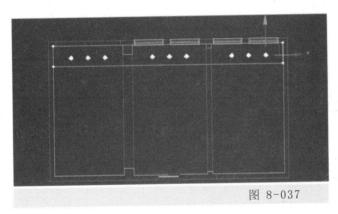

图 8-037

（4）在修改面板中添加【Extrude】挤出命令，参数调整如图8-038所示。

图 8-038

（5）选择对象，单击常用工具栏上的镜像按钮 ▥，设置参数并移动其位置。如图8-039所示。

图 8-039

（6）用同样的方法制作二级吊顶，绘制矩形和圆，用【Extrude】挤出命令来完成，效果如图8-040所示。

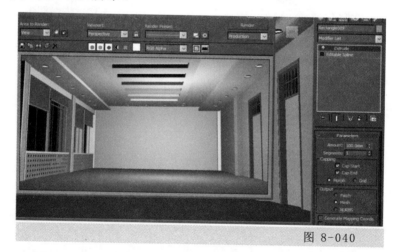

图 8-040

（7）用同样的方法制作三级吊顶，绘制矩形用【Extruder】挤出命令来完成，效果如图8-041所示。

图 8-041

8.2　合并模型造型

（1）单击菜单栏中的【File】/【Import】/【Merge】命令，在弹出的对话框中选择配套光盘提供的模型文件，如图8-042所示。

图 8-042

> **提示**　本例中要合并的模型都是前期制作好的，其大小、位置几乎不需要调整，而在实际工作中，合并的模型不可能恰好合适，需要进行缩放、移动等操作。

（2）将选择的造型合并到场景中，并调整其位置，使用同样的方法把其他模型合并到场景中，如图8-043所示。

图 8-043

8.3　创建相机视图

效果图的角度是视觉感受的重要组成部分，在3ds Max软件里角度是通过创建相机来实现，下面讲解通过创建相机调整合适的角度。

（1）在相机创建命令面板中单击【Target】按钮，再在顶视图中创建一架相机，如图8-044所示。

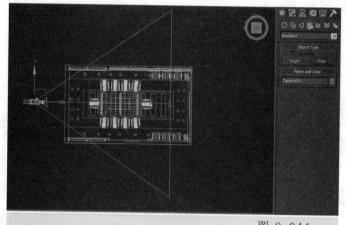

图 8-044

（2）进入前视图调整相机的高度，在【Z】轴输入框中输入1650mm，如图8-045所示。

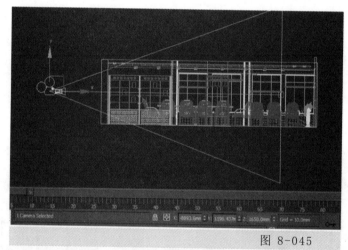

图 8-045

（3）激活透视图，按下【C】键，切换为相机视图，如图8-046所示。

图 8-046

8.4 检查模型是否漏光

（1）隐藏窗帘等防碍进光的物体，按【M】键打开【材质编辑器】，设置为VRay材质，选择样本球设置其颜色为RGB（230 230 230），再按【F10】键打开渲染面板，将设置好的材质球拖拽到【覆盖到材质】选项后面的空白按钮上，如图8-047所示。

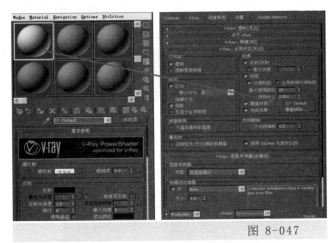

图 8-047

> **提示** 当勾选【覆盖材质】参数后，右边的空白按钮将被激活，此时可以将材质复制到空白按钮上，这样模型中的所有材质都会被替换成该材质。取消勾选后，相关对象将恢复到以前的材质，这样就不会影响模型中的其他材质了，用户也可以很方便地对模型进行测试。

（2）在【Top】顶视图中创建一个球体光，并调整它的位置及球体光的参数设置，如图8-048所示。

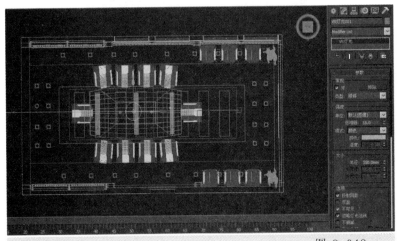

图 8-048

（3）打开【V-Ray间接照明(GI)】控制面板，勾选【开】选项，设置【首次反弹】引擎为【发光图】，设置【二次反弹】引擎为【灯光缓存】，如图8-049所示。

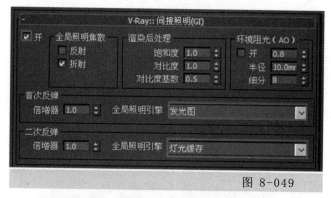

图 8-049

（4）【V-Ray发光图】的参数设置如图8-050所示。

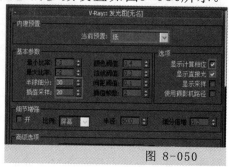

图 8-050

（5）【V-Ray灯光缓存】的参数设置如图8-051所示。

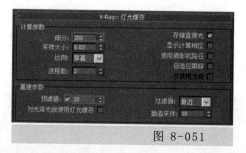

图 8-051

（6）【V-Ray确定性蒙特卡洛采样器】参数设置如图8-052所示。

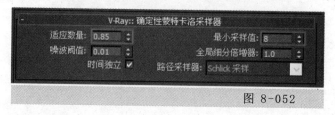

图 8-052

（7）调整到摄像机视图，然后进行测试渲染，经过测试未发现模型存在漏光现象，如图8-053所示。

图 8-053

8.5 材质的设定

　　材质的设置顺序一般是从大面积材质到细节材质，这样可以尽量避免出现遗漏现象。

　　本例的材质可以分为基础材质、家具材质和装饰材质三部分，重点讲解地面材质、天花吊顶ICI材质、木纹材质、壁纸材质、白漆材质、沙发皮纹材质、窗帘材质、灯光材质、镀金材质，为了方便读者观察材质设置，笔者在这里制作了一张材质ID图，如图8-054所示。对于其他材质，本书只做简单介绍，读者可以打开配套光盘的视频教程进行学习。

图 8-054

8.5.1　地面材质

（1）选择一个空白球，命名为"地面"，将其指定【VR材质】类型。单击【漫反射】右侧的空白按钮，在弹出的对话框中双击【Bitmap】位图，并指定配套光盘贴图，在反射通道里添加一个【Falloff】衰减贴图，参数设置如图8-055所示。

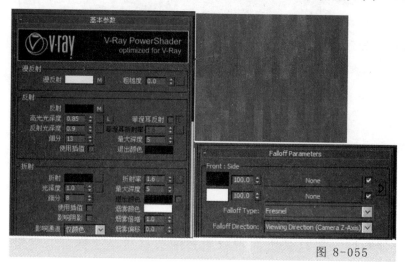

图 8-055

（2）为了加强地面的凹凸感，可在【Bump】中设置一个凹凸贴图，如图8-056所示。

图 8-056

（3）将材质赋予给场景中的地面模型，并为其材质指定一个合适的【UVW Map】贴图坐标命令，参数设置如图8-057所示。

图 8-057

8.5.2　天花吊顶ICI材质

（1）选择一个空白球，命名为"天花ICI"，将其指定【VR材质】类型。单击【漫反射】颜色色块，并设置为RGB（250，250，250），反射的参数设置如图 8-058所示。

图 8-058

（2）展开【选项】卷展栏，取消勾选【跟踪反射】复选框，使天花吊顶ICI带有高光效果但不显示反射，如图8-059所示。

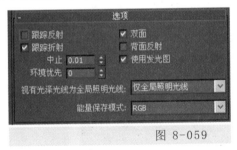

图 8-059

（3）最终得到的材质球如图8-060所示。

图 8-060

8.5.3　木纹材质

（1）选择一个空白球，命名为"木纹"，将其指定【VR材质】类型。单击【漫反射】右侧的空白按钮，在弹出的对话框中双击【Bitmap】位图，并指定配套光盘贴图，反射颜色设置参数如图8-061所示。

图 8-061

（2）展开【贴图】卷展栏，将漫反射的贴图以实例方式复制到凹凸贴图通道中，如图8-062所示。

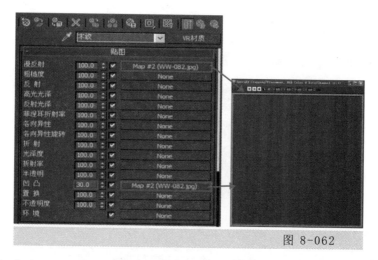

图 8-062

（3）将材质赋予给场景中的造型墙和柱子模型，并为其材质指定一个合适的【UVW Mapping】贴图坐标命令，效果如图8-063所示。

图 8-063

8.5.4 壁纸材质

（1）选择一个空白球，命名为"壁纸"，将其指定【VR材质】类型。单击【漫反射】通道右侧的空白按钮，选择【Bitmap】位图并指定配套光盘提供的壁纸贴图，如图8-064所示。

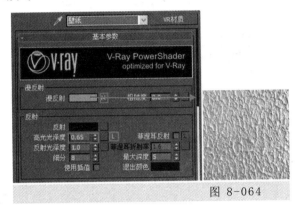

图 8-064

（2）设置材质凹凸感，展开【贴图】卷展栏，在【凹凸】通道中指定【Bitmap】位图，并选择配套光盘提供的黑白纹理贴图，参数设置如图8-065所示。

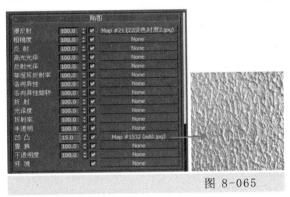

图 8-065

（3）将材质赋予给场景中的墙体模型，并为其材质指定一个合适的【UVW Map】贴图坐标命令，参数设置如图8-066所示。

图 8-066

8.5.5 白漆材质

（1）选择一个空白球，命名为"白漆"，设置其漫反射和反射颜色的属性。如图8-067所示。

图 8-067

（2）展开【贴图】卷展栏，在【凹凸】通道中指定配套光盘提供的黑白纹理贴图，并设置其参数，如图8-068所示。

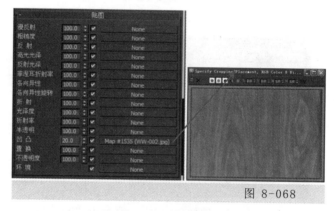

图 8-068

（3）最终得到白漆的材质球如图8-069所示。

图 8-069

8.5.6 沙发皮纹材质

（1）选择一个空白球，命名为"皮革"，将其指定【VR材质】类型。单击【漫反射】通道右侧的空白按钮，选择【Bitmap】位图，并指定配套光盘中提供的皮革贴图，如图8-070所示。

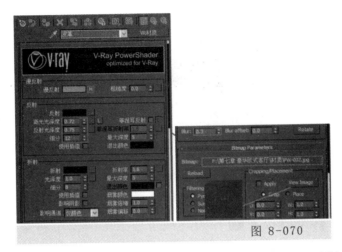

图 8-070

（2）皮革纹理的凹凸是很明显的，因此需要在凹凸贴图通道里调出一张精度比较高的贴图，如图8-071所示。

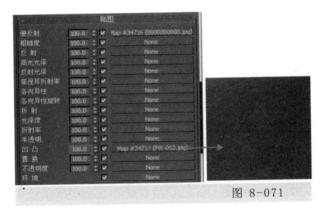

图 8-071

（3）设置完成后，得到沙发皮纹材质球如图8-072所示。

图 8-072

8.5.7　窗帘材质

（1）选择一个空白球，命名为"窗帘"，将其指定【VR材质】类型。单击【漫反射】将其颜色设定为淡蓝色，参数设置如图8-073所示。

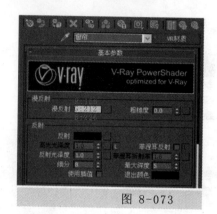

图 8-073

（2）单击工具行中的按钮 ，为其赋予场景中的窗帘和窗杆造型。

8.5.8 灯光材质

（1）选择一个空白球，命名为"灯光"，将其指定【VR材质】类型。单击【漫反射】右侧的空白按钮，选择【VR灯光材质】。如图8-074所示。

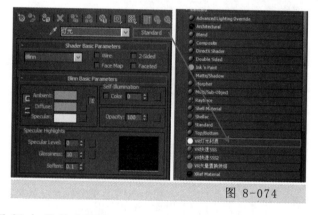

图 8-074

（2）单击工具行中的按钮 ，为其赋予场景中的灯带片造型，如图8-075所示。

图 8-075

8.5.9　金属材质

（1）选择一个空白球，命名为"金属"，将其指定【VR材质】类型。单击漫反射颜色和反射颜色属性，其参数设置如图8-076所示。

图 8-076

（2）最终得到金属壁灯的材质球如图8-077所示。

图 8-077

8.6　灯光的设定

材质设置完成后，将进行场景灯光的布置。在这一过程中，需要反复测试渲染场景来确定最终的灯光及其参数。另外，本场景的模型量比较大，所以我们设置一个较低的测试渲染参数，以便在测试渲染时节约时间。

8.6.1　测试设置

（1）按【F10】键打开渲染设置，测试图像大小，如图8-078所示。

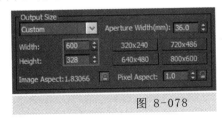

图 8-078

（2）关闭【默认灯光】和【光泽效果】，可以节省测试时间，如图8-079所示。

图 8-079

（3）在【V-Ray图像采样器(反锯齿)】卷展栏中，设置采样方式为【固定】，细分值为1，同时关闭【抗锯齿过滤器】选项，以提高渲染速度，如图8-080所示。

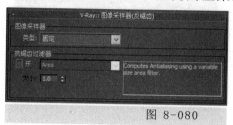

图 8-080

（4）打开【V-Ray间接照明(GI)】，勾选【开】选项，设置【首次反弹】引擎为【发光图】，设置【二次反弹】引擎为【灯光缓存】，如图8-081所示。

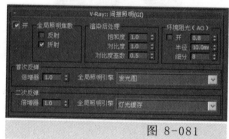

图 8-081

（5）设置【V-Ray发光图】参数：【当前预置】为【非常低】，【半球细分】为30，参数设置如图8-082所示。

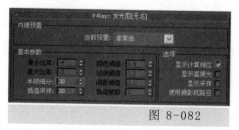

图 8-082

（6）【V-Ray灯光缓存】参数设置如图8-083所示。

图 8-083

其他参数保持默认即可。

8.6.2　灯光设置

（1）进入灯光创建面板，在选项栏中选择灯光类型；再进入VRay灯光创建面板，然后选择平面光源，如图8-084所示。

图 8-084

（2）在窗户位置放置VR平面灯源来模拟真实的天光效果，平面光的位置及参数设置如图8-085所示。

图 8-085

（3）选择场景中的会议桌模型，单击鼠标右键，在弹出的菜单中选择【Objcct Properties】对象属性命令，并选择【Hide Selection】选项隐藏对象，如图8-086所示。

提示

　　在布置灯光时，由于场景模型的面比较多，所以占用的计算机系统内存也就比较多，故在渲染过程中计算机速度就相对较慢。为了解决这个问题，我们先将模型隐藏，这样可以加快渲染时间，在正式渲染时再将模型显示。

图 8-086

（4）此时对场景按组合键【Shift+Q】进行渲染，观察天光的光照效果，如图 8-087所示。

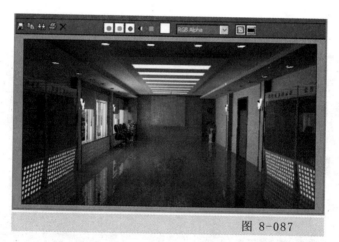

图 8-087

（5）通过观察可以发现天光对场景照射的效果已经较为合适，可以设置吊顶灯光。在灯光创建面板中选择VRay平面光源，关联复制8盏灯光并调整灯源的位置。如图8-088所示。

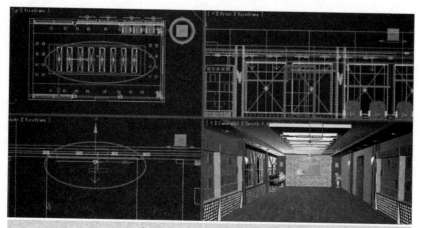

图 8-088

（6）选择平面光源并设置参数，再切换到摄像机视图进行渲染，得到的效果如图8-089所示。

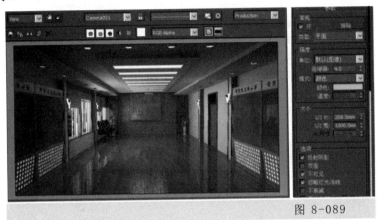

图 8-089

（7）模拟筒灯的灯光效果为【Target Light】光度学灯光，在左视图中拖拽鼠标创建灯光，以关联的方式复制多盏，分布在各筒灯位置。如图8-090所示。

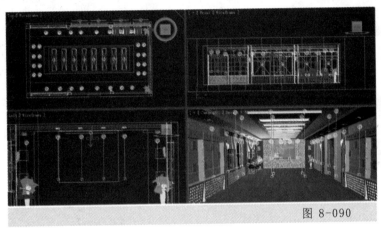

图 8-090

（8）选择任意一盏光度学灯光，进入修改面板，选择配套光盘中提供的光域网文件，其参数设置如图8-091所示。

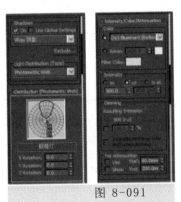

图 8-091

（9）渲染测试相机视图后，可以看到其效果已经基本满意，如图8-092所示。

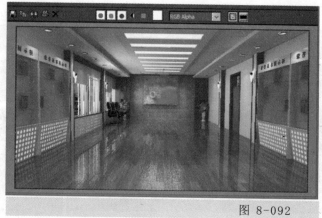

图 8-092

（10）在顶视图中灯槽的位置创建VR灯光，然后在左视图中将其旋转，调整位置，如图8-093所示。

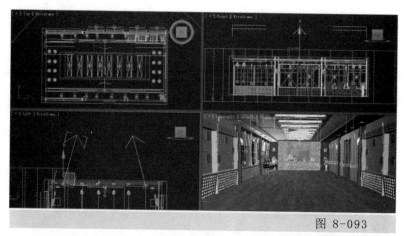

图 8-093

（11）修改面板中的设置参数并渲染效果，如图8-094所示。

图 8-094

（12）用同样的方法制作造型墙的灯带，并设置壁灯的颜色、倍增值、大小，再以关联的方式复制到另一个壁灯的相关位置，如图8-095所示。

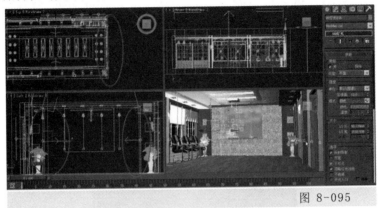

图 8-095

（13）按组合键【Shift+Q】测试渲染效果，如图8-096所示。

图 8-096

（14）在空白处单击右键后，在弹出的下拉列表中选择【Unhide All】选项，取消所有隐藏对象，切换为摄像机视图，渲染效果如图8-097所示。

图 8-097

8.7 渲染出图

（1）按【F10】键，设置渲染图像大小，其宽度和高度的设置如图8-098所示。

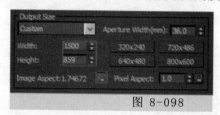

图 8-098

（2）设置全局光和抗锯齿的参数。设置【二次光线偏移】值为0.001，可防止有重面的地方出现错误，其他参数设置如图8-099所示。

图 8-099

（3）设置【V-Ray间接照明(GI)】和【V-Ray发光图】的参数。设置【半球细分】值为60，【插值采样】参数为25，一般不要超过30，否则图面会感觉很飘，如图8-100所示。

图 8-100

（4）【V-Ray灯光缓存】参数设置如图8-101所示。

图 8-101

（5）为了得到质量比较高的画面效果，可以把【V-Ray确定性蒙特卡洛采样器】中的参数设置得高一些，如图8-102所示。

图 8-102

（6）在【Render Elements】面板中单击增加按钮，再在弹出的对话框中添加【VRay 渲染ID】命令，同时渲染一张彩色通道图，如图8-103所示。

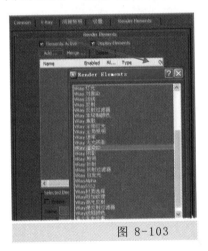

图 8-103

（7）其他参数保持默认即可，最终渲染效果如图8-104所示。

图 8-104

8.8 Photoshop 后期处理

（1）启动Photoshop软件，打开渲染好的效果图文件（高光图），为了不破坏原图像，按组合键【Ctrl+J】复制背景图层，如图8-105所示。

图 8-105

（2）通过观察发现画面的整体高度不够，按组合键【Ctrl+M】打开【曲线】调整对话框，参数调整如图8-106所示。

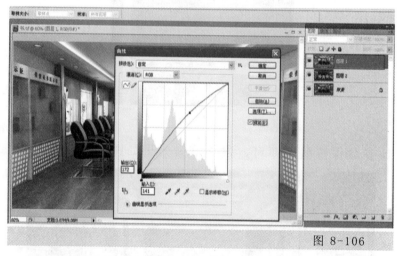

图 8-106

（3）使用【魔术棒】工具在通道图层中选择地板，并按组合键【Ctrl+J】进行复制，如图8-107所示。

（4）按组合键【Ctrl+M】打开【曲线】对话框进行亮度的调节，如图8-108所示。

（5）通过观察发现阴影部分比较暗，此时回到图层1上，在工具箱中选择【套索】工具，再选择阴影部分，执行【选择】/【修改】/【羽化】命令，如图8-109所示。

图 8-107

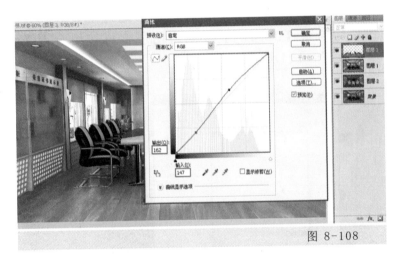

图 8-108

图 8-109

　　（6）按组合键【Ctrl+J】将当前层进行复制，将图层移到最上面，按组合键【Ctrl+M】打开【曲线】对话框，调整参数如图8-110所示。

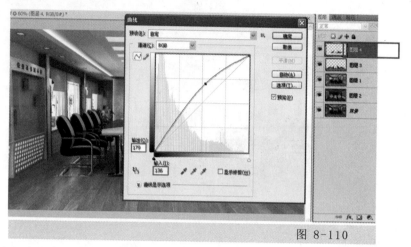

图 8-110

（7）使用【魔术棒】工具选择展示柜玻璃，通过观察发现视觉太暗且没有光泽，这时可以按组合键【Ctrl+J】复制新图层，再按组合键【Ctrl+M】打开【曲线】对话框，如图8-111所示。

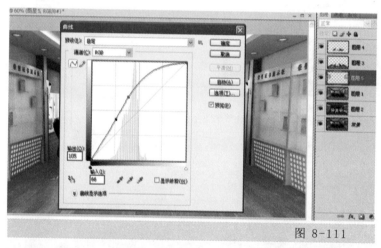

图 8-111

（8）按组合键【Ctrl+B】打开【色彩平衡】对话框，颜色参数设置如图8-112所示。

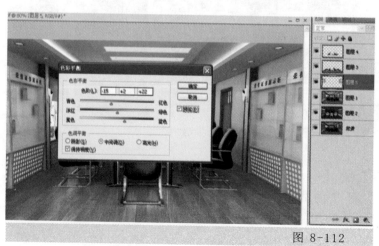

图 8-112

（9）使用【魔术棒】工具选择墙体，按组合键【Ctrl+J】复制到新图层，再按组合键【Ctrl+L】打开【色阶】对话框，参数设置如图8-113所示。

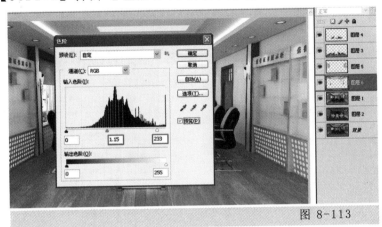

图 8-113

（10）使用【套索】工具选择椅子的装饰，按组合键【Ctrl+J】复制新图层，再按组合键【Ctrl+B】打开【色彩平衡】对话框，参数设置如图8-114所示。

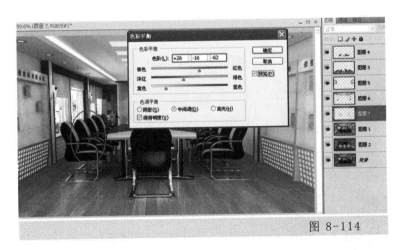

图 8-114

（11）使用同样的方法选择形象墙，参数设置如图8-115所示。

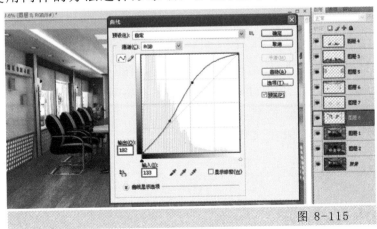

图 8-115

（12）按组合键【Ctrl+Shift+Alt+E】盖印图层得到新图层，单击【滤镜】/【其他】/【高反差保留】命令，在弹出的对话框中设置参数，如图8-116所示。

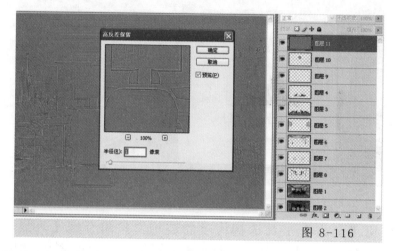

图 8-116

（13）在【图层】面板中，设置"图层"的混合模式为【叠加】，从而对图像进行锐化，如图8-117所示。

图 8-117

（14）按组合键【Ctrl+Shift+Alt+E】，盖印图层得到新图层，再按组合键【Ctrl+L】打开【色阶】对话框，亮度调整如图8-118所示。

（15）打开配套光盘提供的绿色素材文件，将其移动到图像中，调整大小并将其放置到合适的位置，便得到最终效果。如图8-119所示。

（16）调整完成后，保存文件并打印输出。

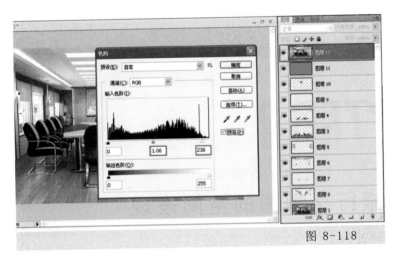

图 8-118

图 8-119

8.9　本章小结

　　本章主要讲解了工装效果图制作的全过程，希望读者能够做到举一反三，与所学内容相联系学习到更多的知识。

CHAPTER 9

第九章　银行鸟瞰图的空间表现

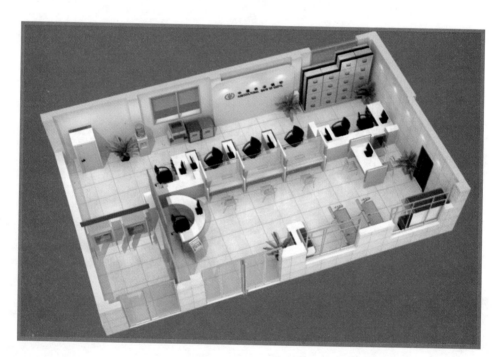

学习重点

★　设计效果

★　打开模型

★　创建相机视图

★　调整客厅空间材质

★　布置空间灯光

★　场景的输出渲染

★　后期处理

本案例将为大家讲解银行鸟瞰图的空间表现，重点学习摄像机、材质的赋予、灯光的布置及制作俯视效果图。这些都是本章的重点学习内容，希望这些内容能够对读者有所帮助。

9.1 场景摄像机

本章案例最终效果如图9-000所示。

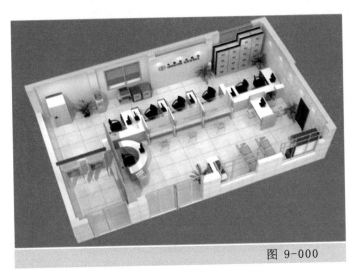

图 9-000

（1）启动 3ds Max软件，打开配套光盘中提供的银行模型，这是银行装修摆设空间，模型的创建在这里不做讲解，如图9-001所示。

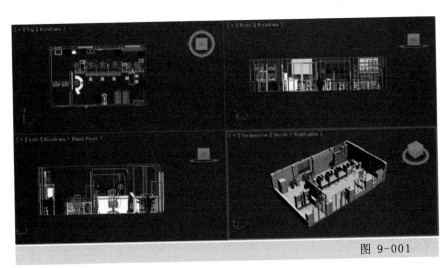

图 9-001

（2）选择透视图，按【Alt】键同时配合鼠标中间键调整一个适当的角度，再按组合键【Ctrl+C】匹配相机，并自动切换成相机视图，如图9-002所示。

图 9-002

（3）按【F10】键打开渲染面板，设置一个合适的观察角度，并锁定比例，如图9-003所示。

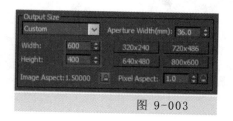

图 9-003

（4）按组合键【Shift+F】打开安全框，此时观察到的图像范围就是最终渲染的范围，如图9-004所示。

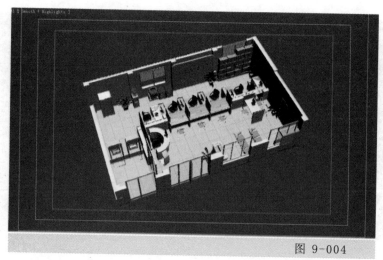

图 9-004

（5）相机角度是鸟瞰图的重点，也称为俯视图，接下来设置渲染参数。

9.2　设置渲染参数

（1）按【F10】键打开渲染器设置，再打开【VRay全局开关】，关闭【默认灯光】，如图9-005所示。

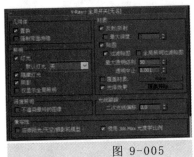

图 9-005

（2）展开【V-Ray间接照明(GI)】卷展栏，勾选【开】选项，选择【二次反弹】引擎为【灯光缓存】。如图9-006所示。

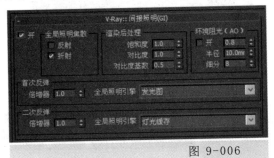

图 9-006

（3）展开【V-Ray发光图】卷展栏，参数设置如图9-007所示。

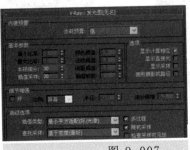

图 9-007

（4）展开【V-Ray确定性蒙特卡洛采样器】，参数设置如图9-008所示。

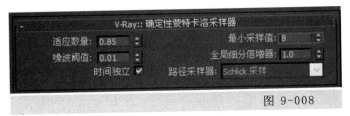

图 9-008

（5）展开【V-Ray灯光缓存】卷展栏，由于平面光会产生较大的噪波，因此将【预滤器】的值设置为20，如图9-009所示。

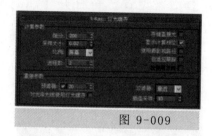

图 9-009

（6）打开【V-Ray环境】对话框，开启【全局照明环境(天光)覆盖】设置，如图9-010所示。

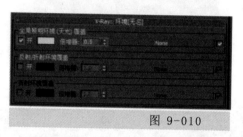

图 9-010

（7）按数字键【8】打开环境，设置背景色为灰色RGB(150 150 150)，测试渲染效果图，如图9-011所示。

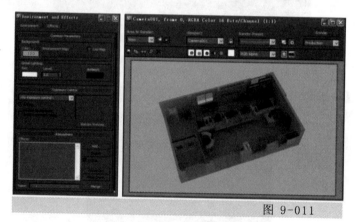

图 9-011

9.3 材质的设定

笔者制作了一张材质的ID图，方便大家对应观察不同材质的设置方法，如图9-012所示。

9.3.1 地面材质

（1）选择一个空白球，命名为"地面"，并将其指定【VR材质】类型。单击【漫反射】右侧的空白按钮，在弹出的对话框中双击【Bitmap】位图，并指定配套光盘中的贴图，在反射通道里添加一个【Falloff】衰减贴图，参数设置如图 9-013所示。

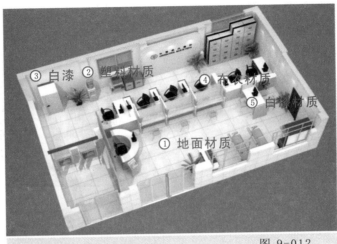

图 9-012

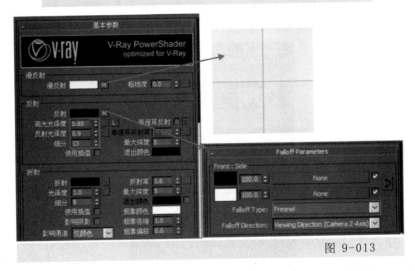

图 9-013

（2）为了加强地面的凹凸感，可以在【Bump】凹凸中设置一个凹凸贴图，如图9-014所示。

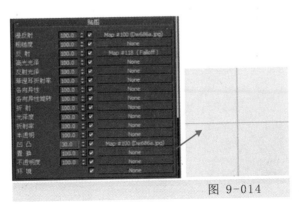

图 9-014

（3）将材质赋予给场景中的地面模型，并为其指定一个合适的【UVW Mapping】贴图坐标，设置参数如图9-015所示。

图 9-015

9.3.2 塑料材质

（1）桶装水为塑料材质，将其指定为【VR材质】类型。单击漫反射、反射和折射的颜色，参数设置如图9-016所示。

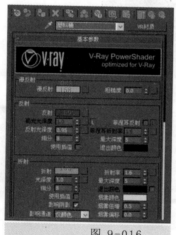

图 9-016

（2）将其材质赋予给场景中的塑料桶模型，渲染效果如图9-017所示。

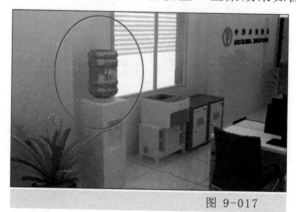

图 9-017

9.3.3　白漆材质

（1）选择一个空白球，命名为"白漆"，漫反射颜色和反射颜色的参数设置如图9-018所示。

图 9-018

（2）展开【贴图】卷展栏，在【凹凸】通道中指定配套光盘提供的黑白纹理贴图，其参数设置如图9-019所示。

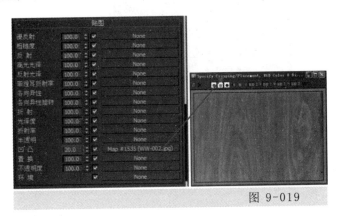

图 9-019

（3）最终得到办公桌的材质球如图9-020所示。

图 9-020

9.3.4　椅子布料材质

（1）选择一个空白球，命名为"椅子材质"，将其指定【VR材质】类型。单击【漫反射】通道右侧的空白按钮，选择【Bitmap】位图，并指定配套光盘提

供的布纹贴图，参数设置如图9-021所示。

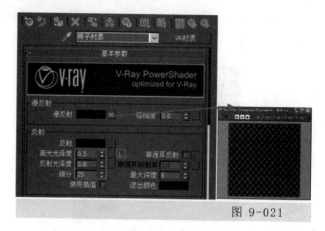

图 9-021

（2）设置材质凹凸感。展开【贴图】卷展栏，在【凹凸】通道中指定【Bitmap】位图，并选择配套光盘提供的黑白纹理贴图，参数设置如图9-022所示。

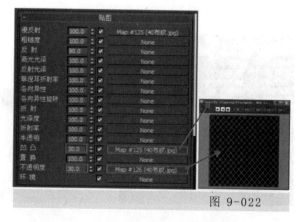

图 9-022

（3）在不透明度通道中指定一张与漫反射贴图通道相同的布纹纹理贴图，设置不透明值为30，设置完成后，得到材质球如图9-023所示。

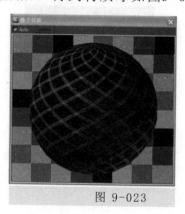

图 9-023

其他材质前面章节都讲过，在这儿就不详细讲解了。

9.4　灯光的参数设定

设置完材质后，将进行场景灯光的布置。在这一过程中，需要反复测试渲染场景来确定最终的灯光及其参数。另外，本场景的模型量比较大，所以我们设置一个较低的测试渲染参数，以便在测试渲染时节约时间。

（1）按【F10】键打开渲染设置对话框，如图9-024所示。

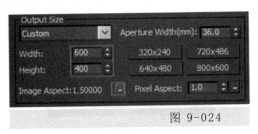

图 9-024

（2）关闭【默认灯光】和【光泽效果】，可以节省测试时间，如图9-025所示。

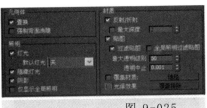

图 9-025

（3）在【V-Ray图像采样器(反锯齿)】卷展栏中，设置采样方式为【固定】，细分值为1，同时关闭【抗锯齿过滤器】，以提高渲染速度，如图9-026所示。

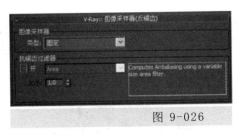

图 9-026

（4）打开【V-Ray间接照明(GI)】，勾选【开】选项，设置【首次反弹】引擎为【发光图】，设置【二次反弹】引擎为【灯光缓存】，如图9-027所示。

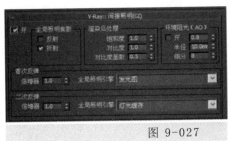

图 9-027

（5）设置【V-Ray发光图】参数。【当前预置】为【非常低】，【半球细

分】为30，其参数如图9-028所示。

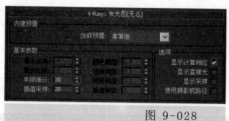

图 9-028

（6）【V-Ray灯光缓存】参数设置如图9-029所示。

图 9-029

（7）打开【V-Ray环境】卷展栏，开启【全局照明环境(天光)覆盖】，参数设置如图9-030所示。

图 9-030

（8）选择相机视图，按组合键【Shift+Q】渲染测试。效果如图9-031所示。

图 9-031

9.5 灯光设定

（1）进入灯光创建面板，在选项栏中选择灯光类型，进入【Standard】标准灯光创建面板，然后选择【Target Direct】目标平行光选项模拟太阳光源，在顶视图中拖拽鼠标并移至适当位置，如图9-032所示。

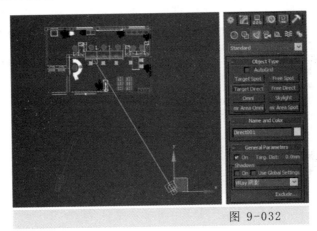

图 9-032

（2）左视图中调整灯光位置，单击修改面板设置太阳光的颜色、大小、阴影参数，如图9-033所示。

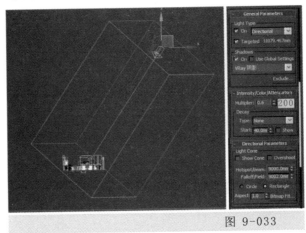

图 9-033

（3）按【C】键切换到相机视图，渲染效果如图9-034所示。

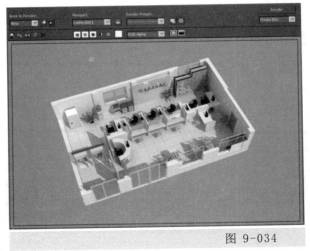

图 9-034

（4）场景辅助光源用来模拟形象墙筒灯效果。灯光为光度学灯光，可选择【Target Light】选项进行设置。在前视图中拖拽鼠标创建灯光，如图9-035所示。

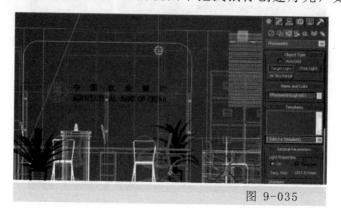

图 9-035

（5）在3ds Max中的【Target Light】选项中可以设置光域网，打开配套光盘提供的光域网文件，如图9-036所示。

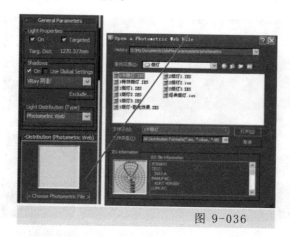

图 9-036

（6）设置发光强度、颜色和数值大小，再以关联的方式复制其他筒灯并调整其位置。如图9-037所示。

图 9-037

（7）通过观察发现图形整体色彩较暗，可以在灯光创建面板中选择VRay平面光源作为补充，光源的位置及参数设置如图9-038所示。

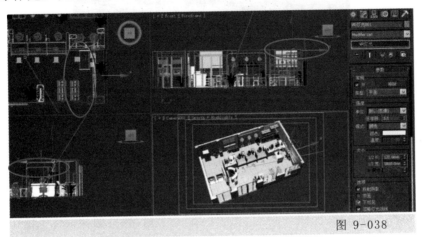

图 9-038

（8）在顶视图中选择面光源，以关联的方式复制并调整面光源位置，如图9-039所示。

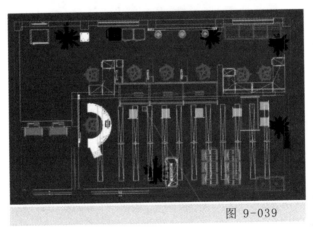

图 9-039

（9）切换到摄像机视图，按组合键【Shift+Q】渲染效果，如图9-040所示。

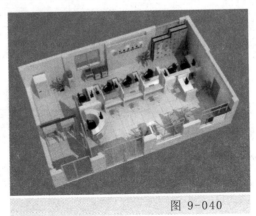

图 9-040

（10）用同样的方法制作其他灯光，位置调整如图9-041所示。

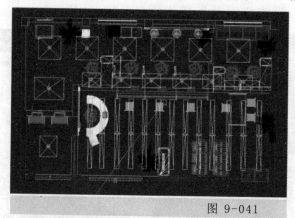

图 9-041

（11）切换到摄像机视图，按组合键【Shift+Q】渲染效果，如图9-042所示。

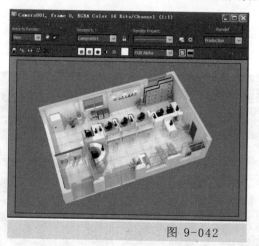

图 9-042

（12）通过观察发现外墙色彩较暗，可以在前视图中绘制VRay灯光作为补光，参数设置如图9-043所示。

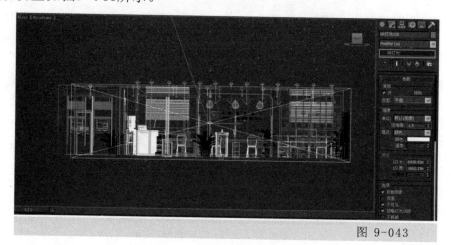

图 9-043

（13）切换到摄像机视图，按组合键【Shift+Q】渲染效果，如图9-044所示。

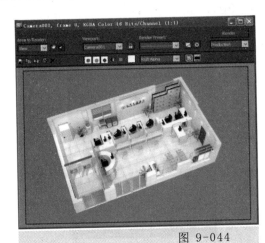

图 9-044

9.6 渲染出图

灯光设定好了后，再确定模型、材质、灯光都已经合适，下面设置成品渲染参数。

（1）按【F10】键，设置渲染图像的大小，宽度和高度设置如图9-045所示。

图 9-045

（2）设置【V-Ray间接照明(GI)】和【V-Ray发光图】的参数。【半球细分】值为60，【插值采样】值为25，一般不要超过30，否则画面会感觉很飘，如图9-046所示。

图 9-046

（3）设置【V-Ray全局开关】和【V-Ray图像采样器(反锯齿)】的参数。设置【二次光线偏移】值为0.001，可以防止有重面的地方出现错误，其他参数设置如图9-047所示。

图 9-047

（4）【V-Ray灯光缓存】参数设置如图9-048所示。

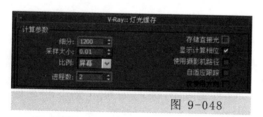

图 9-048

（5）为了得到质量比较高的画面效果，可以把【V-Ray确定性蒙特卡洛采样器】中的参数设置的高一些，如图9-049所示。

图 9-049

（6）其他参数默认即可，单击【Render】渲染得到最后效果图如图 9-050 所示。

图 9-050

9.7　本章小结

　　本章案例是一个银行鸟瞰空间表现效果图。主要讲解俯视相机的使用技巧、灯光布置及渲染输出，希望读者认真研究本章内容，掌握快速高效的做图技巧和和方法。

附录 3ds Max 常用快捷键

Alt+A—对齐

A—角度捕捉开/关

N—自动关键帧开/关（制作动画）

B—仰视图

C—摄像机视图

Alt+P—为多边形对象补洞

Ctrl+V—复制当前物体（复制一次）

Alt+Ctrl+C—坍塌多边形（多边形层级）

Ctrl+C—由当前视图创建摄像机

Alt+C—切割多边形（多边形层级）

Ctrl+F—切换选择框形状

D—停止刷新视图

Alt+X—透明显示模式切换

8—环境设置窗口

Ctrl+X—专家界面模式

（显示/隐藏工具条和命令面板）

Alt+E—拉伸面（Editable Poly编辑）

Alt+Ctrl+F—相当于Fetch，返回到

临时保存状态（用Hold暂存的状态）

Ctrl+O—打开文件

F—前视图

End—到动画最后一帧

Home—到动画第一帧

Shift+C—隐藏/显示摄像机

Shift+G—隐藏/显示几何体对象

G—隐藏/显示网格

Shift+H—隐藏/显示帮助对象

Shift+P—隐藏/显示粒子系统

Shift+W—隐藏/显示空间翘曲

Shift+S—隐藏/显示二维造型

Alt+Ctrl+H—相当于临时保存

Alt+Q—孤立显示所选对象

U—用户视图

L—左视图

Alt+O—锁定用户界面

M—材质编辑器

Alt+W—最大化视图

F11—Max脚本编辑窗

Ctrl+M—网格光滑

W—移动对象

Ctrl+N—创建新场景

Shift+C—捕捉缩放百分比

Alt+N—法线对齐

Alt+Ctrl+S—偏移量捕捉

Shift+I—沿路径复制物体

Alt+Z—缩放模式

Ctrl+P—平移文件

P—透视图

\—播放动画

7—多面体计数

Shift+Q—快速渲染当前视图

Ctrl+Y—重做撤消的操作

Shift+Y—重做撤消的视图操作

F9—渲染上次设置的视图

288

Shift+L—隐藏/显示灯光

F8—限制到两个轴向

F5 X—轴向锁

F6 Y—轴向锁

F7 Z—轴向锁

E—旋转模式

Ctrl+R—旋转视图模式

Ctrl+S—保存场景文件

Ctrl+E—缩放模式切换

Ctrl+A—选择所有

PageUP—选择上级对象

PageDown—选择下级对象

Ctrl+PageDown—选择所有下级对象

Ctrl+L—反向选择

Ctrl+D—取消所有选择

H—用名字选择对象窗口

Space—选择锁定开/关

F2—隐藏/显示所选的面的阴影

Alt+6—显示主工具条

Shift+F—隐藏/显示视图安全框

J—显示选择框开/关

[—放大视图

Y—显示工具面板

]—缩小视图

R—智能缩放

S—捕捉开/关

Alt+S—捕捉模式切换

F10—渲染设置窗口

Shift+4—聚光灯灯光视图

1—子对象层级1

2—子对象层级2

3—子对象层级3

4—子对象层级4

Insert—子对象层级切换

Ctrl+B—子对象选择切换

T—顶视图

-（连字符）—缩小坐标变换图标

= —放大坐标变换图标

X—坐标变换图标切换

F12—键盘输入变换操作窗口

Ctrl+Z—撤消场景操作

Shift+Z—撤消视图操作

Alt+Shift+Ctrl+B—刷新背景贴图

F4—显示物体边棱线

Alt+B—视窗背景

V—视图（显示视图选择菜单）

F3—物体显示模式切换

Alt+Ctrl+Z—物体在视图中最大化
显示

Alt+Ctrl+Z—物体在所有视图中最
大化显示

Q—智能选择

Ctrl+W—区域选择放大

\—声音开/关

DVD 光盘使用说明

本书附带一张DVD高清多媒体教学光盘，内容包括本书案例源文件、全书案例的视频教学录像以及赠送的单体模型（具体内容如下）。

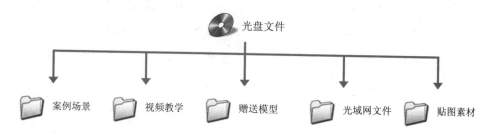

1.案例场景

"案例场景"中的资料是本书8个教学案例的源文件，包含场景源文件（带灯光、材质和渲染参数），渲染效果供读者欣赏。如果读者想从头到尾学习相应的案例操作，请打开相关文件进行学习。如果读者想根据场景来了解灯光、材质和渲染参数的设置，请打开源文件进行研究。（注:场景模型请用3ds Max 2011打开）

2.视频教学

"视频教学"中的资料是本书案例的教学录像，读者可以一边看教学录像，一边进行案例操作。

3.赠送模型

随盘赠送常用模型供读者在实际工作中使用。

4.光域网文件

随盘赠送多种光域网文件，以协助读者制作出多种场景灯光效果。

5.贴图素材

随盘赠送在制作工装及家装效果图时常用的壁纸、布料、地砖、墙砖、玻璃、装饰画等1823个经典贴图文件，方便读者在学习和工作中使用。